新一代天气雷达图像
分析与应用

白爱娟　程志刚　编著

气象出版社
China Meteorological Press

内容简介

本书以新一代天气雷达观测为基础,以雷达图像识别为重点,讲述了天气雷达在天气分析和强天气预报中的应用。首先本书介绍了中国新一代天气雷达的建设和应用情况,讲解了天气雷达的基本探测原理和雷达气象方程的建立过程;其次,阐述了天气雷达的径向速度、反射率因子等基数据的识别方法,分析了雷达基数据和各种物理量产品在识别大气流场、降水云系和天气发展过程中的应用;最后分析了利用雷达资料分析强对流天气的方法和技术,归纳总结了暴雨、冰雹、龙卷和阵风锋等特殊天气的雷达回波特征。

本书可作为本科院校大气科学类专业的教材或教学参考书,也可供从事天气、大气物理、大气探测的技术人员和研究人员参考。

图书在版编目(CIP)数据

新一代天气雷达图像分析与应用 / 白爱娟,程志刚编著. — 北京 : 气象出版社,2019.4(2023.2重印)

ISBN 978-7-5029-6871-7

Ⅰ.①新… Ⅱ.①白… ②程… Ⅲ.①天气雷达-雷达图象 Ⅳ.①TN959.4

中国版本图书馆 CIP 数据核字(2018)第 270821 号

新一代天气雷达图像分析与应用

出版发行:气象出版社

地　　址:北京市海淀区中关村南大街 46 号　　邮政编码:100081

电　　话:010-68407112(总编室)　010-68408042(发行部)

网　　址:http://www.qxcbs.com　　**E-mail**: qxcbs@cma.gov.cn

责任编辑:张　媛　　　　　　　　　终　　审:吴晓鹏

责任校对:王丽梅　　　　　　　　　责任技编:赵相宁

封面设计:博雅思企划

印　　刷:三河市君旺印务有限公司

开　　本:710 mm×1000 mm　1/16　　印　　张:8.5

字　　数:171 千字

版　　次:2019 年 4 月第 1 版　　　　印　　次:2023 年 2 月第 3 次印刷

定　　价:60.00 元

前　言

　　新一代天气雷达是定量估测区域性降水,监测和预警强对流灾害性天气的重要手段,它对研究降水云体的内部结构,指导人工影响天气作业和防雷减灾等业务,具有十分重要的作用。进入 21 世纪,全国的天气雷达网已经建成,充分应用新一代天气雷达探测数据为短时和临近天气预报提供基础服务,成为气象行业面临的一项紧迫任务,同时各气象院校大气科学类的雷达气象学教材也需要补充新一代天气雷达的内容,增加最新的彩色图像,以满足教学任务的需求。因此,完善雷达气象学的探测原理,整编新的天气雷达探测图像分析方法和应用技术势在必行。

　　本书介绍了中国新一代天气雷达的建设和应用情况,说明了天气雷达的基本探测原理和雷达气象方程的建立,同时对雷达气象学的基本理论知识进行了简明扼要的讲解,如电磁波的衰减,大气折射和回波涨落等,详细地讲述了新一代天气雷达的径向速度和强度,以及物理量场的生成原理和图像识别方法。本书还讲解了新一代天气雷达的径向速度、强度和物理量产品在识别大气流场、降水云系和天气发展过程中的应用方法。本书最后归纳总结了暴雨、冰雹、龙卷和阵风锋等特殊强对流天气的回波特征。总之,本书以雷达气象学为基础,以新一代天气雷达多种类型图像的识别方法和技术为重点,以雷达图像在天气分析和预报中的应用为目的。

　　本书简明扼要,内容丰富,深入浅出,图像清晰,可作为高等院校大气科学类及相关专业的本科教材和气象类高等学历教育教材,适合在校生 40 多个学时的课堂学习。同时,本书可作为大气科学专业专科及气象业务在职培训的教学参考书,并可供气象、航空等部门的科研人员和业务人员参考。本书中所涉及的物理量意义清晰,简明易懂,也便于气象和航空方向的专业技术人员进行自学。

　　本书在编写过程中,得到成都信息工程大学大气科学学院雷达气象学课程组及许多同事、同学的支持和帮助,并提供了宝贵的图片。本书还收集了许多气象工作者的业务笔记和图像,包括一些不知其名工作者的分析和研究内容,在此对为本书提供图片和资料的所有人表示衷心的感谢。由于受编者水平所限,本书可能存在许多不足之处,敬请大家批评指正。

最后,感谢高原大气与环境四川省重点实验室和国家基金委重点支持项目——青藏高原地—气水热平衡和高原低值系统对东亚夏季风的影响(91537214)对本书的资助。

编者

2018 年 7 月

目 录

第一章　绪　论

第一节　雷达气象学和中小尺度天气系统简介

Radar，是 Radio Detection and Ranging 的缩写，即无线电探测和测距的仪器，或者无线电探测仪。随着科学技术的发展，雷达探测技术发展迅速，从早期为满足军事发展的需求，到现在在各行各业中都发挥了重要的作用。雷达应用主要行业包括：军事跟踪、地质勘探、大气遥感探测、医疗和交通等方面，如今雷达已经是现代化人类生活离不开的重要设备。

气象雷达通过电磁波的发射、传播、散射和接收等物理过程，根据大气运动和降水生成过程的基本原理，来探测大气流场和各种天气现象，是利用无线电技术探测大气的遥感探测设备。应用在气象探测上的雷达有天气雷达、风廓线雷达、声雷达和激光雷达等。这些不同种类的雷达探测大气中各种气象要素的分布、发展和变化特征，为天气分析和研究提供数据信息。

雷达气象学是利用气象雷达，研究电磁波与大气相互作用，进行大气探测的学科，同时雷达气象学是大气物理学、大气探测学和天气学共同研究的一个分支。雷达气象学是在物理学和天气学的基础上发展起来，进行大气探测的一门重要学科。

天气雷达或称降水雷达，是气象雷达的一个重要成员。天气雷达探测大气中云滴和降水粒子的大小、粒子数密度和运动速度，来确定不同尺度天气系统的位置、降水强度，以及发展移动变化特征。天气雷达在民航飞行、天气预报、人工影响天气和气象防雷业务上发挥了重要的作用，是气象行业监测和预警强对流天气，发布预警信号的重要工具之一。

新一代天气雷达是 20 世纪 90 年代以来在全球范围内最新发展起来的雷达探测系统，我国在原有雷达观测的基础上，布设了新一代天气雷达网。新一代天气雷达根据多普勒效应的原理，除在早期雷达可探测降水系统的回波强度外，还可探测降水粒子的平均径向速度和径向速度谱宽值，生成丰富的产品信息，并用来反映雷达站周边三维的大气流场结构，为分析天气系统和监测大风等气象灾害提供信息。

　　天气系统按其空间和时间特征可划分为多种尺度。在国内的日常天气分析中，常把 Orlanski(1975)提出的中一α系统称为大尺度天气系统,包括气旋、反气旋、锋面、台风,以及高空槽脊等长波系统。这些天气尺度系统的水平尺度一般在几百至几千千米,生命期常达一至几天。把 20~200 km 中一β尺度的天气现象和天气系统称为中尺度系统,通常是指产生强雷暴和局地强风暴的多单体和超级单体,以及有组织的雷暴或对流系统。这些中尺度系统通常能够产生包括短时强降水、冰雹、飑线等在内的强对流性天气,锋面中的中尺度结构和高低空急流中的大风速中心也属于中尺度系统。此外,把 2~20 km 的中一γ尺度天气系统称为小尺度系统,包括个别的雷暴积云单体或孤立的小雷暴,以及龙卷等。中尺度与小尺度天气系统相互作用,共存于强风暴等有组织的天气系统中,通常在分析研究中将其统称为中小尺度天气系统。

　　中小尺度天气系统局地性强,强度大,移动快,变化复杂,经常伴随多种灾害性天气。常规地面和高空观测资料难以监测到中小尺度系统,而高时空分辨率的天气雷达资料弥补了常规观测的不足,可以捕捉到中小尺度天气系统,提高对中小尺度天气系统监测和预警能力。总之,天气雷达是监测、研究和预报中小尺度天气系统的主要工具,是中小尺度天气系统的重要探测手段。

第二节　中国新一代天气雷达的布设和应用

　　到 2010 年初期,我国已经完成了 150 多部新一代天气雷达的建设,分布如图1.1,图中包括目前业务运行的雷达,以及建设中和纳入规划的雷达站。这些天气雷达按波长可以分为 S 波段(波长 10.7 cm)和 C 波段(波长 5.6 cm)。在我国中东部沿海,以及内陆的川渝地区多强降水发生,统一布设 S 波段雷达。S 波段雷达的穿透能力强,探测距离远,对热带气旋、强暴雨等灾害性天气有强的监测和预警能力。在我国西部、西北部和东北地区,统一布设 C 波段雷达。C 波段雷达的反射能力强,探测距离较近,适用于探测暴雨、冰雹、大风等灾害性天气。

　　我国布设的新一代天气雷达网,已经成为各地气象防灾减灾的关键手段。这些天气雷达在气象业务部门,主要是用来监测强对流天气,如冰雹、大风、龙卷和暴洪等中小尺度天气系统,包括这些天气系统发生的位置、强度、空间结构,以及持续时间等,还可以用来探测热带气旋、锋面、高低空急流和切变线等大尺度天气系统的移动和发展变化特征。

　　中国新一代天气雷达具有以下优点:

　　(1)对灾害性天气有强的监测和预警能力。新一代天气雷达最大探测距离可达400~600 km,对冰雹、龙卷等中小尺度系统的有效监测和识别距离大于 150 km,而

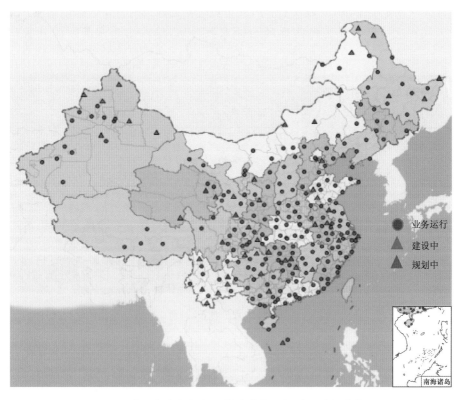

图 1.1 中国气象部门新一代多普勒天气雷达站的分布图

且具有 0.5 km 的空间分辨率和 6 分钟完成一次体积扫描的时间分辨率。

（2）具有良好的定量测量回波强度的性能。新一代天气雷达能够定量估计大范围降水，监测 0～70 dBZ 的动态回波强度，估测降水的强度范围以及移动特征。

（3）具有良好的多普勒测速能力。新一代天气雷达能获取降水云体的风场信息，得到较准确的径向风速场分布，从而有助于识别飑线、龙卷和下击暴流等灾害性大风天气，并预测其演变特征。

（4）属于智能型的探测系统。新一代天气雷达具有丰富的软件支持，能够获取多种信息产品，还能生成多种灾害性天气系统的自动识别和追踪信息，实现对强对流天气的监测和预警。

总之，新一代天气雷达是气象探测业务的重要设备之一。在新一代天气雷达的设计中也充分考虑到了与其他业务系统，如 MICAPS 等，在数据格式、图形产品规格等方面的衔接，具有开放式的良好应用界面。

新一代天气雷达是中国气象局大气综合探测的重要项目，是气象、民航部门监测灾害性天气的主要手段,也是以上部门发布短时临近预报的首要依据。当然,中国新一代天气雷达站已经成为一些地区的标志性建筑,呈现出非常美丽的外貌(见图 1.2)。

图 1.2　中国嘉峪关(a)、合肥(b)和三沙市(c)新一代天气雷达站外貌图

第三节　新一代天气雷达的基本构成和功能

中国新一代天气雷达与美国的 WSR-88D 雷达相似,是全相干脉冲多普勒雷达。雷达机包含三个工作系统,分别是数据采集系统(Radar Data Acquisition system,简称 RDA),产品生成系统(Radar Product Generation,简称 RPG)和主用户处理系统(Principle User Processor,简称 PUP)。这三个系统既相互独立,系统之间又由网络和通信线路相互连接,各个系统的工作流程如图 1.3 所示。操作人员能便捷地通过网络设备控制雷达机三个组成部分的运行。下面说明雷达机各部分的工作流程和功能。

一、雷达数据采集系统

数据采集系统(RDA)是新一代天气雷达的硬件设备。RDA 的主要任务是产生和发射电磁脉冲信号,通过天线把电磁波信号发送到大气中,并接收返回的电磁脉冲信号,通过信号处理器生成数字化的基数据,完成资料存档任务。RDA 主要由发射机、天线、接收机、信号处理器和系统监控五个部分组成。

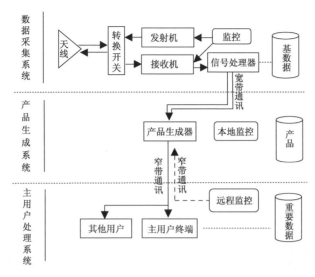

图 1.3　雷达机三个组成系统的结构框图

1. 发射机(Transmitter)

天气雷达的发射机通过速调管放大器,产生固定波长的高功率电磁波。为了保证降水粒子数据信息能够精确地从返回信号中提取,发射的脉冲电磁波稳定度非常高,并且具有相同的初位相。

2. 天线(Antenna)

雷达发射机产生的电磁脉冲,通过天线收发转换开关,先发送到天线处,再通过天线把电磁波发送到大气中。天线还要接收电磁波遇到云、雨等目标物发生散射后返回天线的电磁波信号。为了保证天线的正常运转,新一代天气雷达还配置了球形天线罩。

新一代天气雷达的天线通过体积扫描的方式向大气中发射和接收电磁波。体积扫描的仰角和转动速度取决于天线的扫描方式。新一代天气雷达的天线是具有高度方向性的定向辐射天线,能够使大部分能量集中在狭窄的波束范围内朝一定方向发射。体积扫描的方式是天线选取一定的仰角旋转 360°,再依次改变仰角,最后完成雷达探测范围内整个大气的三维立体探测,如图 1.4 所示。天线的仰角是雷达发射电磁波束的方向与水平方向的夹角,方位角是天线旋转过程中,电磁波束方向与正北方向的夹角。通常规定正东方向的方位角为 90°,正南方向为 180°,依次类推。天线的扫描方式和体扫模式决定一个体扫包含多少个仰角,以及完成一次体扫所需的时间。

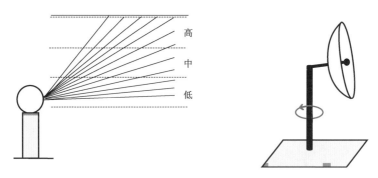

图 1.4　雷达天线的仰角和转动示意图

新一代天气雷达常用的体扫模式有四种,分别是 VCP11,VCP21,VCP31 和 VCP32。其中 VCP11 和 VCP21 为降水模式,VCP31 和 VCP32 为晴空模式。四种体扫模式的仰角如图 1.5 所示。

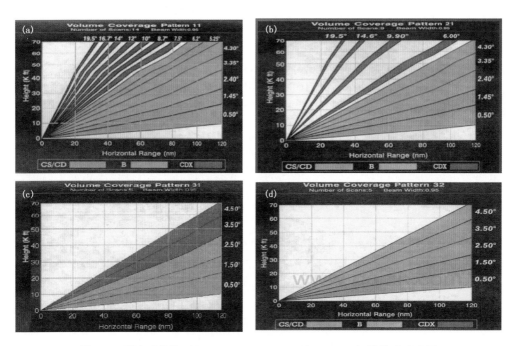

图 1.5　雷达天线的 VCP11、VCP21、VCP31 和 VCP32 扫描模式示意图

VCP11 的体扫模式中,包含 14 个仰角,用时 5 分钟。仰角分别为:0.5°、1.5°、2.4°、3.4°、4.3°、5.3°、6.2°、7.5°、8.7°、10.0°、12.0°、14.0°、16.7°和 19.5°。VCP11 的距离分辨率是 1.0 km。

VCP21 的体扫模式中,包含 9 个仰角,用时 6 分钟。仰角分别为:0.5°、1.5°、2.4°、3.4°、4.3°、6.0°、9.9°、14.6°和 19.5°。VCP21 的距离分辨率是 0.5 km,是天气雷达最常采用的体扫模式。

VCP31 和 VCP32 是雷达在 10 分钟内完成 5 个指定仰角的扫描模式。两种模式的仰角相同,分别为:0.5°、1.5°、2.5°、3.5°、4.5°。VCP31 是使用长脉冲,VCP32 使用短脉冲,两种模式的分辨率为 4 km。该体扫模式适合天气晴朗,没有天气过程时的探测,可以探测飞鸟、昆虫、森林火灾等非降水特征。

新一代天气雷达的扫描方式选用固定仰角,决定了在探测过程中会出现盲区。低于最低仰角和高于最高仰角之外的探测区域电磁波不能到达,也就无法完成探测,成为探测的盲区。另外,高仰角波束之间的区域,如图 1.5a 和图 1.5b 中红色扫描区中间的黄色区域,不能获取探测数据,也是探测的盲区。

3. 接收机(Receiver)

当雷达天线接收到从云、雨粒子等目标物散射回的电磁波信号后,RDA 会将电磁波信号传递到接收机。由于接收到的电磁波信号能量与发射的电磁波信号相比,功率非常小,所以当接收信号被送到信号处理器之前,还要被放大。

4. 信号处理器(Signal Processor)

雷达从接收机获得电磁波的模拟信号后,应用信号处理器进行处理,得到反射率因子的估测值,并通过对脉冲处理得到粒子散射群的平均径向速度和速度谱宽,将完成地物杂波的抑制,模数转换的步骤,获得数字化的基数据,然后传送到数据处理终端,进一步处理和显示。

地物杂波抑制是雷达从回波信号中去除地物杂波的过程。气象回波和地物杂波的主要区别是地物杂波很少或几乎不运动,而气象目标物通常有明显的运动。天气雷达根据径向速度场可以去除地物杂波。同时信号处理器将模拟信号转换为高分辨率的数字化信号,产生数字化的基数据。天气雷达的三种基数据分别是反射率因子 R、平均径向速度 V 和径向速度谱宽 W。

5. 系统监控(System Control)

RDA 系统的实时系统监控任务由监控计算机来完成,实现从 RDA 的操作维护控制台进行控制(称为本控),也可以从位于 RPG 的雷达控制台进行控制(称为遥控)。RDA 的系统监控可完成 RDA 的监控任务,包括监测和标定 RDA 硬件、形成 RDA 基数据和信息头数据(时间、仰角和标定参数等),以及管理雷达的宽带通讯,控制 RDA 和控制信号处理器。

二、产品生成系统

产品生成子系统(RPG)是整个雷达机系统的控制中心,也是雷达机的软件系统,具有多任务的特点。如图 1.3 所示,首先,RPG 通过用户控制平台(User Control Platform,简称 UCP)的软件系统,控制整个雷达机的运行,包括对 RDA 和 PUP 系统进行状态监测。其次,RPG 通过宽带通信线路从 RDA 获取基数据,通过一系列气象学算法生成各种物理量产品和识别产品,用来显示降水系统的特征和发展趋势。此外,RPG 还经过窄带通信线路把基数据和产品发送到指定的用户,完成文件维护、数据存档和备份,以及雷达机的重启等任务。

三、主用户处理系统 PUP

主用户处理系统(PUP)是雷达机的用户终端,该终端通过通信线路从 RPG 获得雷达基数据和产品,进行图像显示和数据存档,其操作界面如图 1.6 所示。PUP 通常由高分辨率的计算机组成,是工作人员操作和显示雷达数据产品的工作平台。PUP 对雷达机的 RDA 和 RPG,以及通信线路等运行情况进行监控,收集、处理和分发雷达数据产品,提供数据记录存档功能。

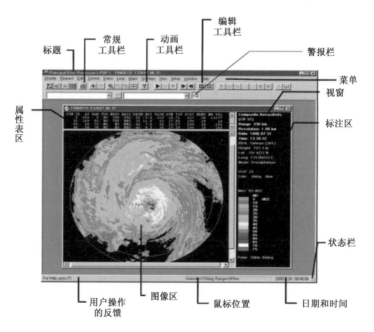

图 1.6　新一代天气雷达 PUP 操作系统的主界面图

PUP 的应用功能如下:

首先,PUP 可以实现对雷达基数据和产品的显示,包括不同产品的请求、编辑、控制、状态显示、动画循环、地图叠加、图像浏览和路径配置等。PUP 还可以实现确定图像中心,放大、改变分辨率和动画显示图像等多种功能。产品请求菜单是用户通过在 PUP 上设置常规产品集或通过一次性请求,向 RPG 发出产品请求。PUP 还可以通过设置警报区域和警报阈值,根据 RPG 上获取的产品,自动生成警报配对产品。当遇到相应报警的天气条件时,PUP 将显示报警信息。

其次,PUP 可以对雷达机进行远程控制,对雷达机的通信线路进行监视,了解整个雷达机系统的工作状态,实施对 RDA 和 RPG 故障的诊断、排除等。PUP 还不断检查自身与 RPG 的通信线路是否正常。

最后,PUP 可以存储多种雷达数据产品和信息,包括雷达基数据、物理量产品,以及浏览后的图像,以便为本地的天气分析和研究应用提供数据。

课后习题:

1. 什么是雷达,什么是天气雷达?

2. 什么是中尺度天气系统和小尺度天气系统? 中小尺度天气系统有哪些基本特征?

3. 简要介绍中国新一代天气雷达的建设和应用情况,包括布设雷达机的波段,雷达机主要监测的天气系统类型。

4. 介绍新一代天气雷达的三个系统组成部分,说明各组成部分的功能。

5. 什么是新一代天气雷达的体积扫描? 什么是天线扫描的仰角和方位角? 新一代天气雷达有哪些体扫模式?

第二章　新一代天气雷达的基本探测原理

第一节　气象目标对电磁波的散射

天气雷达的探测过程是电磁波的收发过程,雷达机通过天线向大气中发射电磁波束,电磁波束在大气中远距离传播。当电磁波在传播中碰到微小的粒子,如气体分子、云滴、雨滴、雪花或者冰雹粒子时,就会发生散射现象。

散射是电磁波束在大气中传播时,遇到大气分子、云滴或者雨滴等悬浮粒子时,入射电磁波从这些粒子上向四面八方传播开来的现象(见图 2.1)。散射开来的电磁波称为散射波。电磁波发生散射后,以散射波的形式向外继续传播,引起电磁波散射现象的物质主要是大气分子、云和降水粒子等。

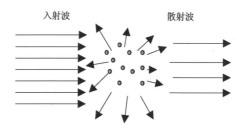

图 2.1　粒子对电磁波散射的示意图

大气分子和降水粒子对电磁波的散射现象,与声波和光波等在大气中发生的散射现象类似。除降水粒子对电磁波的散射外,当大气密度出现明显的不连续时,大气的折射率分布不均匀,也会导致电磁波的传播路径发生改变,引起电磁波的散射现象。

入射电磁波照射到粒子上时,粒子产生极化,感应出复杂的电荷分布和电流分布,这种高频变化的电荷分布和电流分布向外辐射电磁波,就是散射波。粒子对电磁波发生散射时,改变了电磁波的传播方向,不能改变电磁波能量的大小。散射波是全方位,但是散射波能量在各个方向分布不均匀,表现出显著的各向异性。

电磁波散射的分类

粒子对电磁波的散射现象,与入射电磁波的波长 λ 有关,还与粒子的大小、几何形状,以及粒子的电学特性等有关。在此假定发生散射时,降水粒子是理想的,不带电荷的单个球形粒子。当入射电磁波的波长确定后,单个球形粒子发生散射的特征,主要取决于粒子直径 D 和入射波长 λ 的相对大小,引入无量纲数 α,

$$\alpha = \frac{\pi D}{\lambda} \text{ 或 } \alpha = \frac{2\pi r}{\lambda}$$

式中,r 为粒子半径。

根据 α 的大小,把散射现象可以分为瑞利散射和米散射。

当粒子直径 D 远小于入射波的波长 λ 时,即 $D \ll \lambda$ 或者 $\alpha < 0.13$ 时,发生的散射现象称为瑞利散射,或称为小球形粒子散射。当粒子尺度和入射波长大致相当时,即 $D \approx \lambda$ 时,或者 $\alpha > 0.13$ 时发生的散射现象为米散射。

通常大气中云滴半径只有 $5 \sim 10~\mu m$,最大不超过 $50~\mu m$。雨滴半径一般为 $0.25 \sim 1.5~mm$,其中以 $0.35 \sim 0.45~mm$ 范围内最多。大降水粒子的直径可达到厘米量级,但大降水粒子通常会在气流作用下破裂。小冰雹粒子的半径为毫米量级,大冰雹粒子的半径可达到厘米量级。因此,相对于我国布设的厘米波段天气雷达而言,一般的 $0.1~mm$ 量级云滴、雨滴发生的散射,基本满足瑞利散射条件。如果强对流天气发生时出现 $1~cm$ 以上的大冰雹时,粒子对电磁波的散射不再属于瑞利散射,而属于米散射。即,当降水粒子直径的 13 倍不超过入射电磁波的波长时,粒子的散射可能为瑞利散射。

1. 瑞利散射的基本特征

不同类型的散射现象发生后,散射波的能量在粒子周围空间的分布不均匀,在不同方向上存在明显的差异,即表现为各向异性。为了分析理想的单个小球形粒子在入射电磁波作用下,散射到各方向电磁波能量的分布情况,引入了散射函数,或称方向函数 $\beta(\theta, \varphi)$。

能流密度(S)指单位面积单位时间内发射或接收的电磁波能量,量纲为 $J/(S \cdot m^2)$。设 S_i 为入射电磁波的能流密度,S_s 为散射波能流密度。假定粒子发生的散射是各向均匀的,即散射波能量均匀地分布在以粒子为中心的半径为 R 的球面上,球面面积为 $4\pi R^2$。该球面任何地方接收到的散射能流密度相同,则根据能量守恒原理,进行以下分析:

$$4\pi R^2 S_s = S_i$$

$$S_s = \frac{S_i}{R^2}\beta$$

式中，β 为常数，且 $\beta = \dfrac{1}{4\pi}$。

实际上粒子发生散射时，在以粒子中心为原点的球坐标中，散射波通常是各向不均匀的。在此把常数 β 改写成方向函数 $\beta(\theta,\varphi)$，以表示散射波的方向性差异。当 y 方向是入射电磁波的方向，x 是垂直入射波的方向时，φ 是任意散射方向与 $x-y$ 平面的夹角，θ 是任意散射方向在 $x-y$ 平面上的投影与入射波方向的夹角（见图 2.2）。散射能流密度可用公式（2.1）来表示。

$$S_s = \frac{S_i}{R^2}\beta(\theta,\varphi) \tag{2.1}$$

散射函数 $\beta(\theta,\varphi)$ 的意义是，当入射波能流密度 S_i 为单位能流密度（$S_i = 1$）时，在离开粒子中心单位距离（$R = 1$）处的散射波能流密度 S_s。当 R 单位取 m 时，$\beta(\theta,\varphi)$ 的单位是 m^2。方向函数的具体形式有助于了解粒子散射的方向性。为了讨论小球形粒子发生瑞利散射时方向函数的简单形式，做出以下几点假设：

（1）发生散射的粒子直径 D 比入射波长 λ 小得多，即 $\alpha < 0.13$，满足瑞利散射；

（2）散射粒子的电学特性是各向同性的，且散射粒子不带电荷；

（3）入射电磁波是周期振荡的平面偏振波；

（4）散射粒子不是导电体，复折射指数 m 不太大。

在满足以上条件时，瑞利散射在球坐标中的方向函数可用公式（2.2）表示。

$$\beta(\theta,\varphi) = \frac{16\pi^4 r^6}{\lambda^4}\left|\frac{m^2-1}{m^2+2}\right|^2(\cos^2\theta\cos^2\varphi + \sin^2\varphi) \tag{2.2}$$

式中，r 是粒子半径，单位通常取 mm；λ 是入射电磁波波长，在式中与 r 的单位取一致；m 是大气折射指数，无单位；$\left|\dfrac{m^2-1}{m^2+2}\right|^2$ 表示复数模的平方。

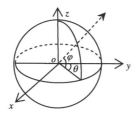

图 2.2　三维球坐标系中任一散射方向（虚箭头）与入射方向 y 轴夹角示意图

根据公式（2.2），分析瑞利散射的方向函数特征。当电磁波长和粒子大小、相态一定时，r,λ,m 是常数。在 $x-y$ 平面上，$\varphi = 0$，公式（2.2）可写成：

$$\beta(\theta) = \frac{16\pi^4 r^6}{\lambda^4}\left|\frac{m^2-1}{m^2+2}\right|^2\cos^2\theta$$

上式中,当 $\theta = 0°$ 或者 $180°$ 时,$\cos^2\theta = 1$,$\beta(\theta)$ 有最大值,即粒子向前散射电磁波和向后散射电磁波的能力最强,这两个方向散射波的能流密度值最大。在电磁波的后向,即 $\theta = 180°$ 时,散射波会返回雷达。在 $\theta = 90°$ 或 $270°$ 时,$\beta(\theta) = 0$,散射波能量取最小值 0,即粒子无侧向散射。

瑞利散射方向函数显示了该类散射的特性,在 $x-y$ 平面上散射波能量分布的几何图形如图 2.3a 所示呈纺锤形,在 $x-z$ 平面上如图 2.3b 所示呈圆形。散射方向函数的三维图形如图 2.3c 所示。以上特性说明,降水粒子对厘米波段电磁波有较强的后向散射能力,产生足够的散射波能量返回到雷达天线,被天线接收,形成回波。同时前向散射使电磁波能够继续传播,探测更远处的目标物。

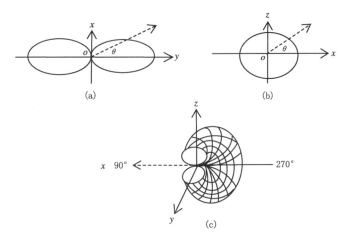

图 2.3　瑞利散射的能量分布示意图

(a:$x-y$ 方向,b:$x-z$ 方向,c:三维)

将瑞利散射的方向函数公式(2.2)代入公式(2.1),得到瑞利散射的能流密度公式(2.3):

$$S_s = \frac{S_i}{R^2}\beta(\theta,\varphi) = \frac{S_i}{R^2}\frac{16\pi^4 r^6}{\lambda^4}\left|\frac{m^2-1}{m^2+2}\right|^2(\cos^2\theta\cos^2\varphi + \sin^2\varphi) \qquad (2.3)$$

或者用直径 D 代替半径 r,得到下式:

$$S_s = S_i\frac{\pi^4 D^6}{4R^2\lambda^4}\left|\frac{m^2-1}{m^2+2}\right|^2(\cos^2\theta\cos^2\varphi + \sin^2\varphi)$$

通过公式(2.3)分析瑞利散射的基本特性:

①粒子散射电磁波的能力与 λ^4 成反比。波长越短,散射波的能流密度越强,回波信号越强。同时电磁波发生散射后继续传播的能量就会减小,由此造成电磁波的衰减作用就会明显增强。

②粒子散射电磁波能力与 D^6 成正比。粒子的直径越大,散射能力越强,雷达的

回波信号越强。天气雷达对云的探测能力很弱,因为云滴的粒径很小,但是对降水粒子的探测能力很强,尤其是粒径较大的降水粒子。

③粒子前向散射和后向散射的能流密度最大,粒子无侧向散射。

2. 米散射的基本特征

当球形粒子的半径足够大,即 $\alpha > 0.13$ 时,瑞利散射方向函数会产生很大的误差,不再适用。也可以认为,米散射是包括"大"和"小"球形粒子在内的普遍散射理论,其中瑞利散射是 $\alpha = 0$ 的米散射的特例。

米散射的基本特征如图 2.4 所示。米散射的散射波是以粒子为中心的球面发散波,其能流密度是各向异性的,大部分能量集中在入射电磁波传播方向的正前方。α 越大,向前散射的能量占全部散射能量的比重越大。散射波和入射波同频率,散射波性质与入射波波长 λ、粒子半径 r,以及粒子周围环境等有关。

瑞利散射和米散射对雷达探测有重要意义,表现为雷达发射的电磁波在碰到大小不同的粒子发生散射现象时,有部分电磁波能量会返回雷达,用来反映粒子的基本特征。同时还有部分的电磁波能量继续向前传播,完成更远处目标物的探测。

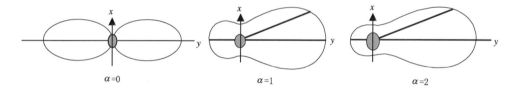

图 2.4　不同 α 下球形粒子发生米散射的散射能量示意图

课后习题:

1. 什么是电磁波的散射? 电磁波的散射对雷达探测有什么影响?

2. 什么是瑞利散射,根据瑞利散射的方向函数,说明瑞利散射有哪些基本特征?

3. 什么是米散射,米散射有哪些基本特征?

4. 瑞利散射和米散射相比较,两种散射的特征有哪些差异?

5. 某地天气雷达的波长是 5.6 cm,当该地发生冰雹天气时,观测到冰雹粒子的半径约为 2.0 cm 时,请判断此时发生散射的类别,指出散射的基本特性,并给出理由。

第二节　雷达截面、反射率和反射率因子

一、单个球形粒子的雷达截面

雷达回波的强弱取决于天线接收到的电磁波能量,这部分电磁波能量是粒子发生散射后返回雷达天线方向,即 $\theta = \pi$ 的那小部分,称为后向散射能量。散射功率 Q_s 是单位时间发射或者接收的电磁波能量。为了衡量后向散射能量的大小,在此引入雷达截面的概念。雷达截面是后向散射总功率 Q_s 与入射波能流密度 S_i 之比。假定在半径为 R 的大圆面上,每个小面元上的散射能流密度均等于后向散射的能流密度 $S_s(\pi)$,即粒子做各向同性散射,则将大圆面上的散射总功率与入射能流密度之比称为雷达截面,用 σ 表示,量纲是面积。雷达截面用来反映单个粒子后向散射能力的大小。

瑞利散射条件下,粒子发生后向散射时,即 $\theta = \pi, \varphi = 0$,距离粒子为 R 处的后向散射能流密度为:

$$S_s(\pi) = \frac{S_i}{R^2}\beta(\pi)$$

假设在距离粒子 R 处的大圆面上,散射波的能流密度均为 $S_s(\pi)$,则散射总功率 Q_s 为:

$$Q_s = S_s(\pi) \times 4\pi R^2 = S_i \times 4\pi\beta(\pi)$$

雷达截面 σ 用散射总功率与入射能流密度之比表示为:

$$\sigma = \frac{Q_s}{S_i} = 4\pi\beta(\pi) \tag{2.4}$$

粒子的雷达截面有助于理解粒子产生后向散射能力的大小,它的意义在于:以入射波能流密度 S_i 乘上雷达截面,可得到单个粒子后向总散射功率的大小;当粒子以这个总功率做各向同性散射时,散射到天线处的能流密度正好等于该粒子在天线处造成的实际后向散射能流密度。

基于以上分析,雷达截面是一个假想的面积,是描述目标物在入射能流密度一定时,产生后向散射功率的大小。雷达截面以面积为单位,面积越大,后向散射能力越强,产生的回波功率也就越大。

将 $\theta = \pi, \varphi = 0$ 代入在瑞利散射方向函数的公式(2.2)中,并根据雷达截面公式(2.4),得到瑞利散射条件下单个粒子的雷达截面公式(2.5):

$$\sigma = \frac{64\pi^5 r^6}{\lambda^4}\left|\frac{m^2-1}{m^2+2}\right|^2 = \frac{\pi^5 D^6}{\lambda^4}\left|\frac{m^2-1}{m^2+2}\right|^2 \tag{2.5}$$

　　公式(2.5)中,瑞利散射的雷达截面大小,与粒子半径或直径的 6 次方成正比。对于云滴其直径很小,雷达截面很小,后向散射能力也很弱,所以厘米波段的天气雷达通常探测不到纯粹的云滴。降水粒子,尤其是大粒子的雷达截面大,能够产生强的后向散射,形成回波图像。因此,天气雷达可探测到降水云和含有水粒子的云。

　　对同一尺寸的降水粒子,天气雷达的波长越短,雷达截面越大,产生的后向散射越强。因此,短波长的 3.2 cm 和 5.6 cm 雷达,与 10.7 cm 的雷达相比,相同粒子的雷达截面较大,后向散射能力强,越容易发现弱降水目标。同时由于后向散射能流密度的加强,前进方向的电磁波能量减少,电磁波衰减明显,雷达的探测距离减小。相反对波长较长的雷达,同样粒径的粒子雷达截面越小,后向散射能流密度越小,不容易探测到降水粒子。但是由于向前传播的电磁波能量偏强,该雷达的穿透性强,可以探测到更远的目标物。

二、粒子群的反射率和反射率因子

　　在雷达探测中,天线接收到的是大小不同的云、雨滴的粒子群后向散射总功率。假定这群云、雨滴的粒子是互相独立、无规则分布的,则这些粒子在天线处造成的总散射功率等于每个粒子后向散射功率的总和。定义雷达反射率为单位体积内所有降水粒子的雷达截面之和,用 η 表示,即公式(2.6):

$$\eta = \sum_{i=1}^{i=n} \sigma_i \tag{2.6}$$

式中,n 是单位体积内的粒子数,σ_i 是粒子群中第 i 个粒子的雷达截面。由于雷达截面 σ_i 可以反映第 i 个粒子后向散射在天线处造成回波功率的大小,因此,η 值可以反映单位体积内所有云、雨滴在天线处造成的总回波功率。反射率不仅考虑了单位体积内云、雨滴的数目,还考虑了云、雨滴的滴谱特征。设 n 为粒子的数密度,$n(D)$ 表示单位体积内云雨滴直径处于 $D \sim D + dD$ 的粒子数,将反射率从粒子雷达截面的求和公式(2.6)用积分形式表达,为公式(2.7):

$$\eta = \int_0^\infty n(D)\sigma(D)\mathrm{d}D \tag{2.7}$$

　　雷达接收到的回波功率和粒子群的反射率 η 有关,而反射率不仅和云、雨滴的雷达截面有关,还和粒子数的多少,以及雷达机本身的参数和粒子群距离雷达的远近等多种因素有关。对于同一群粒子,使用不同的雷达,或在不同的距离上进行观测时,反射率都不相同。因此,反射率不能用来反映云雨滴的属性,及其不同云体之间的差异。为了直观说明降水云体中云、雨滴的特征,在反射率的基础上,引入反射率因子 Z。把瑞利散射的雷达截面公式(2.5)代入反射率的定义公式(2.7)中,得到:

$$\eta = \frac{\pi^5}{\lambda^4} \left| \frac{m^2-1}{m^2+2} \right|^2 \int_0^\infty n(D)D^6 \mathrm{d}D$$

令：
$$Z = \int_0^\infty n(D) D^6 \mathrm{d}D \tag{2.8}$$

$$\eta = \frac{\pi^5}{\lambda^4} \left| \frac{m^2-1}{m^2+2} \right|^2 Z$$

公式(2.8)中，Z 是反射率因子，它仅与单位体积中的粒子数 $n(D)$ 和粒子直径 D 有关。反射率因子的大小只取决于降水云体的滴谱特征，可以反映单位体积中的粒子数和粒子粒径的分布，与雷达机的参数、大气环境条件，以及探测距离等都没有关系，可以唯一地描述大气中的云、雨滴的粒子群特征。

由反射率因子的定义可以发现，反射率因子 Z 与粒子直径 D 的 6 次方成正比。云、雨滴谱中大大小小的粒子中，少数大水滴是后向散射功率的主要影响因子，贡献了雷达回波的绝大部分。Z 的定义中，粒子群中小粒子的数目很多，但 ND^6 的值非常小，对反射率因子 Z 的影响很小。大粒子数较少，但 $n(D)D^6$ 值非常大，即天气雷达放大了大粒子的作用，有利于反映大气中强降水粒子的特征（见图 2.5）。

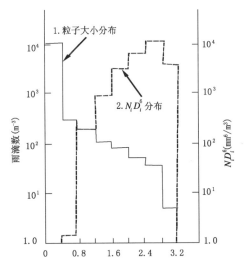

图 2.5　雨滴大小分布和每隔 0.4 mm 粒子的 $n_i D_i^6$ 分布(Battan,1973)

（1. 雨滴大小的典型分布，2. 相应的 Z 值分布）

公式(2.8)中，粒子直径的单位取 mm，反射率因子 Z 的单位取 mm^6/m^3。但由于 Z 值经常非常大（见图 2.5），可达到 10^3 或者 10^4，且 Z 值的变化区间也很大，有时会跨越几个数量级，因此，通常采用反射率因子的分贝数，用公式(2.9)来表示反射率因子 R_Z。公式中 Z_1 是参考值，取常数 $1.0 \ mm^6/m^3$。反射率因子 R_Z 将不再有单位，通常称为 dBZ。

$$R_Z = 10\log_{10}(Z/Z_1) \tag{2.9}$$

天气雷达在观测中要求 R_z 值有较大的检测范围,显示值通常为 0～70 dBZ,新一代雷达的动态范围是 －5～70 dBZ。

课后习题:

1. 什么是雷达截面?请说明雷达截面的意义。

2. 什么是反射率?什么是反射率因子?反射率因子对雷达探测有什么重要意义?指出反射率因子在瑞利散射条件下的理论表达式,并说明该表达式的意义。

3. 假如天气雷达探测的反射率因子 R_z 为 0 dBZ,代表反射率因子值为多少? －10 dBZ、30 dBZ 和 40 dBZ 分别代表降水粒子是多少反射率因子单位?说明 40 dBZ 的意义是什么?

第三节　雷达气象方程

一、后向散射和雷达回波

当雷达波束投射到云、降水粒子上发生散射时,其中向后方散射的那部分电磁波能量会重新返回到雷达天线处,并在雷达机的显示器上形成各种图像,把这些图像称雷达回波。

雷达接收到的回波强度不仅取决于被测云、降水粒子的性质,还与雷达机系统的参数、雷达机和被测目标之间的距离,以及两者之间的大气状态有关。为了说明雷达回波与这些影响因子之间的关系,需要建立雷达气象方程,确定雷达探测回波与各因子之间的关系。雷达气象方程是根据雷达接收到的电磁波能量去推断云、降水粒子的物理状况,将雷达的作用距离与发射机、接收机、天线、目标粒子和大气环境等各种特性联系起来的方程。

二、天线增益

定向发射的雷达天线将电磁波束朝某一特定方向发射,假如雷达天线和各个方向均匀辐射天线发射的电磁波总功率相同,将雷达天线最大辐射方向的能流密度与各向均匀辐射天线的能流密度之比,称为天线增益 G,一般用分贝数表示,见公式(2.10)。

$$G = \frac{S_{\max}}{S_{av}} \tag{2.10}$$

式中,$S_{\max}$ 是定向辐射天线最大辐射方向的能流密度,S_{av} 是各向均匀发射天线的能流密度。天线增益说明了天线发射电磁波方向性的强弱,用来衡量天线朝一个特定方向收发电磁波信号的能力,定量地描述天线把输入功率集中辐射的程度。天线增益与天线的有效接收面积有密切关系。天线的有效接收面积 A_e 指天线能有效地接收回波信号的口径面积,回波的能流密度 S_s 乘上天线的有效接收面积,就得到天线接收的回波总功率,即

$$P_r = S_s A_e$$

天线的有效接收面积通常小于几何面积 A_p,最大只能等于天线的几何面积。圆抛物面天线的有效接收面积与几何面积之间的关系如下:

$$A_e = \frac{2}{3} A_p$$

根据天线理论,天线的有效接收面积和天线增益的关系如下:

$$A_e = \frac{G}{4\pi} \lambda^2$$

或者:

$$G = \frac{8\pi}{3\lambda^2} A_p$$

可见,天线尺寸越大,波长越短,天线增益越高。

三、单个粒子的普通雷达气象方程

以下分三个步骤来说明单个粒子发生散射时的简单雷达气象方程的建立过程。

(1)雷达天线发射电磁波

假设雷达发射机的功率为 P_t,天线是各向均匀辐射的天线,距离天线 R 处的能流密度是将 P_t 总能量平均分配到以 R 为半径,面积为 $4\pi R^2$ 的大圆面上。

$$S_{av}(R) = \frac{P_t}{4\pi R^2}$$

考虑雷达天线的定向发射特性,电磁波能量被最大限度地聚集在波束方向上,天线增益为常数,$S_{\max}$ 是粒子所在处天线发射电磁波的能流密度,根据天线增益的定义,则有:

$$S_{\max} = G S_{av} = \frac{P_t G}{4\pi R^2}$$

(2)粒子在入射电磁波作用下发生散射

若单个粒子的雷达截面为 σ,根据雷达截面的定义,

$$\sigma = \frac{S_s(\pi) \times 4\pi R^2}{S_{\max}}$$

于是,目标物散射回雷达天线处的后向散射能流密度为:

$$S_s(\pi) = \frac{P_t G \sigma}{(4\pi R^2)^2}$$

（3）天线接收粒子发生散射后返回雷达的电磁波

天线的有效接收面积为 A_e，则雷达接收电磁波的总功率 P_r 为：

$$P_r = S_s(\pi) A_e = \frac{P_t G \sigma A_e}{(4\pi R^2)^2}$$

代入天线有效接收面积 $A_e = \dfrac{\lambda^2}{4\pi} G$，得到普遍的雷达气象方程，即公式（2.11a）。

$$P_r = \frac{P_t G \sigma}{(4\pi)^2 R^4} \frac{\lambda^2}{4\pi} G = \frac{P_t G^2 \sigma \lambda^2}{(4\pi)^3 R^4} \tag{2.11a}$$

公式（2.11a）是简单的雷达气象方程，适用于飞机、船舶、单个雨滴等任何一个孤立目标物的探测原理，可以用来讨论各个因子对雷达回波功率的影响。

上述雷达气象方程，在方程建立过程中，没有考虑天线发射电磁波的方向性，认为波束内各个方向上天线辐射的能流密度都是均匀的，即天线增益是常数。下面进一步讨论大量云和降水粒子群，在天线辐射不均匀的电磁波探测下的雷达气象方程。为了定量描述天线的方向性，引入天线方向图函数 $|f(\theta,\varphi)|$，其中 θ,φ 是以天线最大辐射方向（波束轴线方向）为基准的水平与垂直的角坐标。由于雷达波束的电场强度在各个方向上分布不一样，定义天线方向图函数为：

$$|f(\theta,\varphi)| = \frac{|E(\theta,\varphi)|}{|E_{\max}|}$$

$|E_{\max}|$ 天线发射最大辐射方向上的电场强度振幅值，$|E(\theta,\varphi)|$ 天线发射点上与波束轴线成 θ,φ 夹角的电场强度振幅值，显然，$|f(\theta,\varphi)|$ 表示天线辐射的电场强度随方向而异的振幅比值，在数值上，恒有 $|f(\theta,\varphi)| \leqslant 1$。若以 $S(\theta,\varphi)$ 表示天线发射点上与波束轴线成 θ,φ 夹角方向上的能流密度，从电磁波理论得知：$S(\theta,\varphi)$ 正比于 $E^2(\theta,\varphi)$，所以上式可写成：

$$S(\theta,\varphi) = S_{\max} |f(\theta,\varphi)|^2$$

雷达的发射天线和接收天线通常共用一个天线，从天线的互易性得知，在方向性图中，发射最大的方向也是接收电磁波能力最强的方向，反之亦然。

有了定量表示天线方向性的天线方向图函数后，并考虑到天线的互易性，天线辐射强度不均匀时的雷达气象方程可以用公式（2.11b）表示。

$$P_r = \frac{P_t G^2 \lambda^2 \sigma}{(4\pi)^3 R^4} |f(\theta,\varphi)|^4 \tag{2.11b}$$

四、天线辐射强度在半功率点间均匀时的雷达气象方程

简单的雷达气象方程公式（2.11a）中，假定雷达机的发射功率 P_t 是稳定的，且电

磁波在波束空间中是均匀分布的，即 G 为常数。实际上雷达机发射的电磁波功率是各向不均匀的，在波束某方向上的发射功率达到最大值 P_{max}，将这个波束空间称为雷达的主波瓣。离开这个发射功率最大值的方向后，发射功率会迅速减小。其中将发射功率减小到最大功率一半时的位置，称为半功率点，如图 2.6。除了主波瓣之外，雷达发射电磁波还有旁瓣和尾瓣。半功率点之间波束的水平和垂直夹角称为水平和垂直波束宽度，用 θ 和 φ 来表示。如果忽略水平和垂直波束宽度的差异，统一用 θ 来表示。

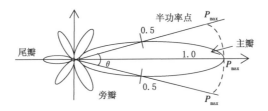

图 2.6　天线主瓣、旁瓣和尾瓣示意图
（数字是该处发射功率与最大发射功率 P_{max} 之比）

做以下假设来讨论天线在半功率点之间辐射均匀的雷达气象方程。（1）雷达发射电磁波的能量集中在半功率点之间的狭窄范围内，且在这个范围内天线辐射强度处处相等，等于最大辐射方向的电磁波功率 P_{max}，即天线增益 G 为常数（见图 2.6 的虚线）。（2）在波束的照射体积内，粒子群的雨滴谱特征处处相等，可以忽略不同单位体积内粒子的差异。以下根据基本雷达气象方程，分析在两个半功率点之间天线辐射强度均匀的雷达气象方程。

雷达以脉冲的形式向外发射电磁波。雷达发射脉冲具有一定的时间，称为脉冲宽度，用 τ 表示，单位为 s。每个脉冲在空间占有的长度称为脉冲长度，单位为 m，用 h 来表示。$h = \tau c$，c 为光学速度。一个脉冲发射后，波束在 $R \sim R+h/2$ 范围内的粒子群发生散射时，返回的电磁波能够同时到达天线处，共同产生回波功率。将 $h/2$ 称为有效照射深度，$h/2$ 深度内波束空间范围对应的圆台或椭圆台称为有效照射体积。波束宽度、脉冲长度和有效照射体积是与雷达探测有关的重要物理量。有效照射体积如图 2.7 中 A-B 或 B-C 之间的体积。

当水平波束宽度和垂直波束宽度不相等时，则距离雷达天线为 R 处波束横截面积为椭圆形时，有效照射体积为：

$$V = \pi (R\frac{\theta}{2})(R\frac{\varphi}{2}) \times \frac{h}{2}$$

对应的雷达气象方程为：

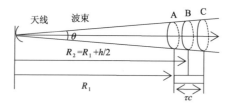

图 2.7　雷达天线发射电磁波的脉冲长度和有效照射体示意图

$$P_r = \frac{P_t G^2 \lambda^2 h\theta\varphi}{512\pi^2 R^2} \sum_{i=1}^{n} \sigma_i = \frac{P_t G^2 \lambda^2 h\theta\varphi}{512\pi^2 R^2} \eta \qquad (2.12)$$

五、天线辐射不均匀时的雷达气象方程

假设在偏离波束轴线 θ，φ 角，距离天线 R 处的云和降水中，取一个与入射波方向正交，面积为 dS、径向深度为 dR 的小体积元 dV，显然 $dV = dSdR$，且 dV 内的降水粒子所散射的能量能够同时返回到天线。用 $d\Omega$ 表示面元所张的立体角，则

$$d\Omega = \frac{dS}{R^2}, dV = R^2 d\Omega dR$$

那么天线接收到体积元 dV 内粒子总散射功率的平均值可表示为：

$$dP_r = \frac{P_t G^2 \lambda^2}{(4\pi)^3 R^4} \mid f(\theta,\varphi) \mid^4 \sum_{\text{单位体积}} \sigma_i \times dV$$

$$= \frac{P_t G^2 \lambda^2}{(4\pi)^3 R^2} \mid f(\theta,\varphi) \mid^4 d\Omega \sum_{\text{单位体积}} \sigma_i dR$$

对上式在单位体积内进行积分后得到：

$$P_r = \frac{P_t G^2 \lambda^2}{(4\pi)^3} \sum \sigma_i \int_R^{R+\frac{h}{2}} \frac{dR}{R^2} \int_\Omega \mid f(\theta,\varphi) \mid^4 d\Omega \qquad (2.13a)$$

式中，积分上限取天线有效照射深度 $R \sim R + \dfrac{h}{2}$，Ω 是天线对散射波束截面所张的立体角。

考虑 $R \gg h$，上式对 R 的积分部分为：

$$\int_R^{R+\frac{h}{2}} \frac{dR}{R^2} = -\frac{1}{R+\frac{h}{2}} + \frac{1}{R} = \frac{h}{2R^2}$$

公式(2.13a)可写成下式，

$$P_r = \frac{P_t G^2 \lambda^2}{(4\pi)^3} \frac{h}{2R^2} \sum_V \sigma_i \int_\Omega \mid f(\theta,\varphi) \mid^4 d\Omega$$

上式是考虑大量云和降水粒子及天线辐射不均匀的雷达气象方程。式中，$\mid f(\theta,\varphi) \mid$ 的解析形式，常常不是通过测定得到的，而是假设其为某种函数形式，再经过数学运算化成可测的天线参数及有关常数的函数形式。如：

$$\int_{\Omega} \mid f(\theta,\varphi) \mid^{4} \mathrm{d}\Omega = \frac{\pi\theta\varphi}{8\ln2}$$

将此积分式代入公式(3.12a)中天线辐射不均匀的雷达气象方程中，即得到：

$$P_r = \frac{P_t G^2 \lambda^2 h\theta\varphi}{1024\ln2\pi^2 R^2} \sum_V \sigma_i = \frac{P_t G^2 \lambda^2 h\theta\varphi}{1024\ln2\pi^2 R^2}\eta$$

上式对瑞利散射和米散射都适用，当云和降水粒子不太大，符合瑞利散射的条件时，就可用瑞利公式 $\eta = \frac{\pi^5}{\lambda^4} \left| \frac{m^2-1}{m^2+2} \right|^2 \int_0^{\infty} n(D)D^6 \mathrm{d}D$ 代替上式中的反射率因子，得到下面的雷达气象方程。

$$P_r = \frac{P_t G^2 h\theta\varphi\pi^3}{1024\lambda^2 R^2 \ln2} \left| \frac{m^2-1}{m^2+2} \right|^2 \int_0^{\infty} n(D)D^6 \mathrm{d}r$$

用雷达的几何接收面积 $A_p = \frac{3G\lambda^2}{8\pi}$ 和半径表示雷达气象方程，得到公式(2.13b)为瑞利散射条件下的雷达气象方程。

$$P_r = \frac{4P_t A_p^2 h\theta\varphi\pi^5}{9\lambda^6 R^2 \ln2} \left| \frac{m^2-1}{m^2+2} \right|^2 \int_0^{\infty} n(r)r^6 \mathrm{d}r \qquad (2.13b)$$

式中，A_p 是雷达抛物面天线外缘的接收面积。

由公式(2.13b)根据雷达接收的回波功率 P_r，可以计算出粒子的反射率因子，用来分析大气中降水粒子的特性。

六、考虑充塞条件的雷达气象方程

雷达气象方程在建立时假设降水粒子或云滴在有效照射体积内是充满的，或者雷达波束充满降水粒子或云滴。实际上雷达波束在近距离探测云体时，降水粒子或云滴是充满整个雷达波束的，如图2.8的 A 和 B 处。但当探测距离较远时，或降水云体以层状云为主时，波束所在高度处常常不能被降水粒子充满，如图2.8的 C 处。用充塞系数 ψ 表示降水粒子在雷达波束空间的充塞程度。

考虑充塞条件时，需要在原雷达气象方程公式(2.13b)乘上充塞系数 ψ，ψ_v 是水平充塞系数，ψ_h 是垂直充塞系数。

$$\psi = \psi_v \psi_h$$

此时雷达气象方程如下：

$$P_r = \frac{4\pi^5 P_t A_p^2 h\theta\varphi}{9\ln2\lambda^6} \times \frac{1}{R^2} \times \psi \times \left| \frac{m^2-1}{m^2+2} \right|^2 \int_0^{\infty} n(r)r^6 \mathrm{d}r$$

上式中充塞系数使雷达接收到的回波减弱，从以下几点讨论影响充塞系数的因素：

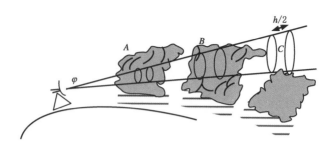

图 2.8   雷达波束充塞的示意图

（1）探测距离 R。当水滴、云滴和波束宽度一定时，垂直充塞程度与距离成反比。距离小时，波束容易被同样大小的降水云充满，充塞系数 ψ 值较大，甚至可达到 1。当距离增大时，再加上地球曲率的影响，$\psi < 1$。当探测距离足够大时，甚至 $\psi = 0$。

（2）波束宽度 θ。对于同样高度的降水云，在相同距离处，波束是否充满有效照射体积与波束宽度有关。波束宽度越窄，粒子越容易被充满。通常天气雷达机设计时，波束宽度尽量窄一些，大约为 1°。

（3）云体的顶高。ψ 还与降水云体的顶高有关。云体顶高越高，即使在较远距离处降水粒子仍然能够充满有效照射体积，使充塞系数较大，甚至 $\psi = 1$。

（4）天线的仰角。天线仰角越低，粒子越容易填满有效照射体积，使充塞系数值较高。

课后习题：

1. 什么是雷达气象方程，试推导单个粒子发生散射时的简单雷达气象方程。

2. 雷达气象方程包括哪些物理量，指出各个物理量的含义，并讨论这些物理因子对雷达探测有哪些影响作用？

3. 什么是天线增益 G，雷达的天线增益可以说明雷达天线的哪些特征？

4. 什么是电磁波的脉冲宽度、脉冲长度，什么是波束的有效照射体积？

5. 假设电磁波束在有效照射体积内均匀分布，即天线增益在半功率点之间处处相等时，此时的雷达气象方程怎样表示？

6. 什么是降水粒子的充塞系数，降水粒子的充塞系数对雷达探测有什么影响？影响降水云体充塞系数的因子有哪些？

第四节　雷达气象方程的讨论和影响雷达探测的因子

根据基本雷达气象方程可知,雷达天线接收到的回波功率除与雷达机参数,如发射机功率 P_t,天线增益 G,雷达机波长 λ 等因素有关外,还与目标离开雷达站的距离 R,以及目标物自身的反射率因子 Z 等有关。在此将雷达气象方程中的基本物理量分为三类,分别是雷达机的参数、目标物的反射率因子,以及目标物和雷达机之间的距离。除雷达气象方程中的因子外,在方程建立中为了方程的简单,忽略了一些其他因子的作用,如电磁波的衰减、地球曲率和大气折射等。这些因素共同影响雷达机接收到的电磁波信号的强弱,下面分别讨论这些因子对雷达探测的影响。

一、影响回波功率的雷达机参数

雷达机的参数包括发射功率、脉冲宽度和脉冲长度、波束宽度、天线增益和电磁波的波长等。

1. 发射功率

发射功率 P_t 是单位时间内雷达发射电磁波的总能量。发射功率越高,粒子的入射能流密度越高,返回的电磁波信号就越强。因此,提高发射功率可以增加目标物回波信号的强度,还可以提高雷达机的最大探测距离。但最大探测距离还取决于脉冲重复频率,目标物最大高度,雷达架设高度,以及地球曲率等多个因子,而且还与雷达机灵敏度以及电磁波在传播过程中衰减情况等有关。仅依靠增加发射功率来提高雷达的探测距离是非常有限的。通常波长为 X 波段和 C 波段雷达的发射机功率为几十到几百千瓦,S 波段雷达的发射功率为几个兆瓦。

2. 脉冲宽度和脉冲长度

脉冲宽度 τ 和脉冲长度 h 不仅决定了雷达探测的有效照射深度,而且和波束宽度一起决定了雷达探测的有效照射体积。当脉冲宽度 τ 和脉冲长度 h 增加时,电磁波在空间的有效照射深度增加,同一时间被电磁波照射到的降水粒子数量增多,雷达接收到的回波功率就会增大,致使一些弱的雨区形成的回波容易被发现。因此,增加脉冲宽度 τ 和脉冲长度 h,有助于雷达对目标物的探测。

但是当 h 增大时也会产生一些缺点,就是会使雷达探测的距离分辨率降低,测距误差随之增大。如图 2.9 中 $h/2$ 范围内两个目标物的降水粒子发生散射,散射波同时返回雷达,雷达就不能区分两者之间的差异,导致距离分辨率降低。此外,h 增加还会导致雷达探测的盲区增大。在距离天线 $h/2$ 以内,天线发射前一半脉冲产生回波到达天线的时候,后一半脉冲才从天线发射。此时天线收发开关处于发射状态,导致形成的回波接收不到,因此 $h/2$ 以内是不能探测到降水云体的,形成了雷达探测的盲区。脉冲长度 h 决定了雷达的最小探测距离。当 h 增大时,雷达最小探测距离增大,探测的盲区增大。

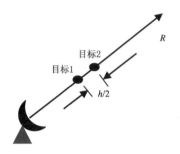

图 2.9　雷达天线的脉冲长度和距离分辨率示意图

3. 波束宽度

波束宽度 θ 决定了雷达发射脉冲角度的大小。波束宽度和脉冲长度一起决定了雷达的有效照射体积。当水平和垂直波束宽度增大时,雷达的有效照射体积增大,贡献雷达回波的粒子数增多,使回波增强,有利于雷达的探测。但是当波束宽度 θ 增大时,天线发射电磁波的能量分散,使雷达探测的角度分辨率减小。同时,波束宽度越大,入射到降水粒子上的入射能流密度会随距离增加而很快地减小,再加上远距离处的粒子群很难充塞雷达的有效照射体积,造成回波能量变弱,产生回波强度的误差,导致测量误差增大。如图 2.10a 所示,由于波束宽度大,雷达的角度分辨率减小,不能区分两个目标物。相反 2.10b 中,波束宽度小时,能够将两个目标物在雷达回波上区分开。

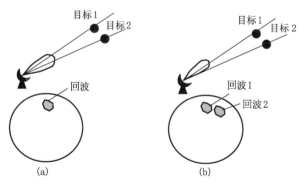

图 2.10　天气雷达波束宽度对角度分辨率的影响示意图

（a 波束宽度大,b 波束宽度小）

当波束宽度增加时,还会增加雷达的测高误差。当目标物距离雷达站较远时,由于垂直波束范围的增大,再加上地球曲率的影响,波束轴线离开地面的高度增加,雷达的测高精度明显减小,误差增加。但是当波束宽度过窄时,雷达旁瓣的电磁波能量就会越高,影响主波瓣的探测能力,使回波能量减弱,也会造成探测误差的增加。综合以上分析,一般天气雷达的波束宽度 θ 和 φ 取 $1°$ 左右。

4. 天线增益

由雷达气象方程式(2.11a)可知,当雷达的天线增益 G 增加时,回波功率以平方的倍数增大,有利于提高雷达的探测能力,使回波功率增强。而且当提高天线增益时,会降低波束宽度,有利于增加雷达探测的角度分辨率。但是要提高天线增益 G,按公式(2.14)必须增大天线外口径的截面积 A_p 和有效截面积 A_e,这样会导致天线转动性能和抗风能力的降低。

$$G = \frac{8}{3}\pi \frac{A_p}{\lambda^2}$$
$$A_e = \frac{\lambda^2}{4\pi}G \tag{2.14}$$

5. 电磁波的波长

波长是雷达机最重要的参数,云、雨粒子对电磁波的散射能力与波长有密切关系。常用天气雷达采用厘米波段的波长,包括以下三种,S 波段波长 10.7 cm,C 波段波长 5.6 cm,X 波段波长 3.2 cm。

在降水强度较小的内陆地区,通常布设波长较短的 C 波段雷达。在降水强度较大,强暴雨和台风频繁出现的沿海地区,为了远距离探测和探测降水云体内部结构的需要,常采用 S 波段雷达,其探测速度和距离的能力比其他两种雷达要强。三种常用天气雷达的测速和测距能力如表 2.1 所示(张杰,2014)。

表 2.1　雷达机波长与最大探测距离和探测速度的对比

测速　　　测距 λ	50 km (3000 Hz)	100 km (1500 Hz)	150 km (1000 Hz)	200 km (750 Hz)
3.2 cm	24 m/s	12 m/s	8 m/s	6 m/s
5.6 cm	42 m/s	21 m/s	14 m/s	10.5 m/s
10.7 cm	80 m/s	40 m/s	27 m/s	20 m/s

二、气象因子对雷达探测的影响

气象因子对雷达回波功率的影响表现在公式(2.13b)的 $\left|\frac{m^2-1}{m^2+2}\right|^2 Z$ 项上。反射

率因子 Z 反映了不同降水粒子群的后向散射特性,包括粒子大小、数量、相态、形状和温度等对散射的影响。m 反映了电磁波传播路径上大气折射率对回波功率的影响。

三、距离因子对雷达探测的影响

雷达接收到的回波功率与距离 R 的平方成反比,同样强度的降水粒子群出现在远距离处时,产生的回波要比近距离处的回波弱得多,而且雷达只能显示回波功率 P_r 大于某一特定值的回波信号。当回波强度低于该值时,回波强度很容易产生误差,影响对降水的判断分析。当目标靠近雷达时,回波强度增强,尺度变大,会造成降水云发展变强的错觉。相反,当目标远离时,回波强度减弱,尺度缩小,会有回波减弱消散的错觉。

距离因子影响雷达回波是因为即使大气中云、降水粒子的数密度及滴谱特征不变,远距离处由于波束宽度的影响,电磁波能量发散,导致入射电磁波能量随距离增大而减小,继而造成回波能量的减弱,探测的角度分辨率也会相应降低。

四、其他因子对雷达探测的影响

在建立雷达气象方程中,为了获取简单的方程,忽略了许多因子对雷达探测的影响,进行了以下假设:(1)各个雨滴和云滴独立产生回波,相互之间没有作用。(2)降水云中,降水粒子或云滴在有效照射体积内是充满的,且降水粒子和云滴均匀地分布在整个雷达波束,即充塞系数为1。(3)雷达天线到被探测的降水粒子或云滴之间存在的大气分子和水汽对电磁波没有衰减作用。(4)忽略了地球曲率和大气层结分布对探测的影响,认为电磁波在大气中直线传播。在实际探测中,雷达波在大气中传播时会发生衰减,还会由于大气层结分布和地球表面的弯曲产生曲线传播现象,降水粒子之间存在相互作用,这些因子都会影响雷达接收到的回波强弱。因此,除了雷达机参数、气象因子、距离因子和充塞条件之外,还有一些其他因素会影响到回波功率的大小。这些因素主要是回波涨落、电磁波的衰减和大气折射等。以下讨论这些因子对雷达探测的影响。

1. 回波涨落

实际降水云体中,大大小小的粒子在大气中同时存在,而且相互作用。在受到入射电磁波作用时产生复杂的粒子群的散射作用。由于同时到达天线处的许多降水粒子之间相对位置不断变化,且云、雨滴相互之间存在着复杂的随机运动,导致粒子群产生的回波有时相互加强,有时互相抵消,出现回波不稳定,这种现象称为粒子群的回波涨落现象。回波涨落导致雷达接收的回波功率出现脉动。通常情况下,雷达波长越小,回波功率越不稳定,回波涨落现象越明显。

2. 电磁波的衰减

衰减是电磁波能量在传播路径上减弱的现象。粒子的散射和吸收是造成电磁波衰减的根本原因。当电磁波投射到气体分子或云、雨粒子上时，一部分能量由于散射作用，改变了传播方向，不能继续传播；另一部分能量被吸收，转变为热能或其他形式的能量，电磁波的吸收和能量转换使电磁波能量在传播方向上减弱。

根据一般衰减规律，再加上考虑往返的双倍路径，电磁波的衰减可表示为公式 (2.15)，P_r 是考虑衰减后的实际接收功率，$\mathrm{d}P_r$ 为吸收和散射引起的回波功率的减少值，$\mathrm{d}R$ 是电磁波传播的距离。

$$\mathrm{d}P_r = -2k_L \times P_r \mathrm{d}R \tag{2.15}$$

式中，$k_L = -\dfrac{\mathrm{d}P_r}{2P_r\mathrm{d}R}$ 是衰减系数，指由于衰减作用，发射单位电磁波功率在大气中往返单位距离时，由于大气、云和降水等不同粒子作用所衰减掉的能量。k_L 的单位为：分贝/千米，即 dB/km。

$$P_r = P_{r0} \mathrm{e}^{-2\int_0^R k_L \mathrm{d}R}$$

式中，P_{r0} 是没有考虑大气、云、降水等衰减时的平均回波功率。

两边取常用对数：$\lg(P_r/P_{r0}) = -2\lg\mathrm{e}\int_0^R k_L \mathrm{d}R$

$\lg\mathrm{e} = 0.4343$，代入上式得到：

$$\lg(P_r/P_{r0}) = -0.2\int_0^R 4.343 k_L \mathrm{d}R$$

令：$k = 4.343 k_L$，把衰减系数 k_L 变换成以分贝/千米为单位的衰减系数 k，

得到：
$$P_r = P_{r0} 10^{0.2\int_0^R k\mathrm{d}R} \tag{2.16}$$

式中，k 是衰减系数，指表示大气分子、云和降水共同造成的衰减系数，影响雷达探测的衰减系数是云、降水和冰雹的衰减系数 k_c，k_p 和 k_e 之和。

$$k = k_c + k_p + k_e$$

电磁波在传播过程中受到大气介质、云和雨滴的衰减作用，衰减作用的大小与雷达波的波长有关。

(1)大气分子的衰减

以下讨论不同大气介质对电磁波衰减作用的差异。一般来说，气体分子对电磁波的衰减作用主要是由吸收作用所引起的，散射作用很小，几乎可以忽略。产生吸收作用的气体分子主要是氧气和水汽。图 2.11 给出水汽和氧气的衰减系数与波长的关系，是在一个标准大气压，温度为 20℃情况下得到的。由图可见，水汽对波长为 1.35 cm 的电磁波，衰减有一个极大值，衰减系数为 0.1 dB/km，吸收作用最强。对 5 cm 波长的电磁波，水汽的衰减系数小于 0.001 dB/km，当雷达与目标物的距离大于

100 km 时,水汽的衰减系数也仅仅达到 0.1 dB。水汽对 10 cm 波长雷达波的衰减作用更小。总之水汽的吸收引起的衰减作用很小,对 C 波段和 S 波段天气雷达而言,可以忽略不计。

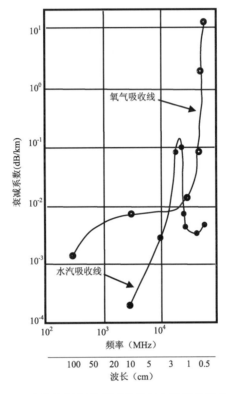

图 2.11　水汽和氧气的衰减系数与电磁波长的关系图
（假定水汽密度 $\rho = 7.75$ g/m³）

氧气对雷达波的吸收作用主要发生在波长小于 1 cm 的电磁波时,氧气对波长小于 1 cm 的电磁波的衰减系数大于 0.01 dB/km,通常需要考虑氧气对电磁波的吸收作用。对于波长大于 1 cm 的电磁波,氧气的衰减系数都小于 0.01 dB/km。当波长大于 2 cm 时,氧气的衰减系数通常小于 0.008 dB/km,波长再增大时,氧气由于吸收作用产生衰减系数更小,几乎可以忽略。因此对常用的厘米波段天气雷达,氧气的衰减作用很小,在分析中可以忽略不计。

总之,除在波长为 1 cm 左右或探测距离较远时,气体分子的衰减作用需要考虑外,对我国布设的厘米波段的天气雷达,大气分子对电磁波的衰减作用一般是可以忽略的。

（2）云的衰减

云滴是由半径小于 100 μm 的水滴或冰晶组成。云的衰减系数 k_c 与云区含水量

M（单位：g/m³）成正比。$k_c = k_1 M$，k_1 是云中单位含水量的衰减系数，单位为 $\dfrac{\mathrm{dB/km}}{\mathrm{g/m^3}}$。

由表 2.2 可知，当波长增加时，云粒子的衰减系数迅速减小。对相态相同的云滴，当波长由 X 波段增加到 S 波段时，衰减系数几乎减小一个量级。在含水量相同时，冰云的衰减系数要比水云的衰减系数小两个量级。通常情况下，由于云粒子的含水量很小，云粒子的衰减系数为 $10^{-3} \sim 10^{-2}$ dB/km，衰减作用很小，电磁波在云中穿越的距离也不会很长，所以云对电磁波的衰减总量很小，在天气雷达的探测中通常可以忽略。

表 2.2　不同波长雷达探测时，不同温度云粒子衰减系数 k_1　　　单位：dB/km

相态	波长 温度	0.99 cm	3.2 cm	5.0 cm	10.0 cm
水云	20℃	0.647	0.0483	0.0215	0.0054
	10℃	0.681	0.0630	0.0220	0.0056
	0℃	0.990	0.0860	0.0350	0.0090
冰云	0℃	8.74×10^{-3}	2.46×10^{-3}		
	-10℃	2.94×10^{-3}	8.19×10^{-4}		
	-20℃	2.00×10^{-3}	5.63×10^{-4}		

（3）雨滴的衰减

雨滴的半径通常在 1 mm 以下，以 0.35～0.45 mm 为最多。用常用的 C 波段和 S 波段的雷达探测时，瑞利散射对绝大多数雨滴适用。

当雷达波长与雨滴的直径接近时，雨滴的衰减作用非常明显。雨的衰减系数可表示成降水强度 I（单位：mm/h）的函数，用经验公式 $k_p = kI$ 表示，k 为单位降水强度的衰减系数，单位为：$\dfrac{\mathrm{dB/km}}{\mathrm{mm/h}}$。

对于厘米波段的天气雷达，波长越长，衰减作用越小。对于 S 波段的雷达，雨的衰减小到可以忽略。但当出现降水强度为 10 mm/h 以上的大到暴雨时，衰减系数大于 0.02 dB/km。雨对 X 波段雷达的衰减影响很大，当用 X 波段的雷达进行探测时，必须要引进相应的订正。对于 C 波段的雷达，衰减介于 X 和 S 之间，大雨时产生较大的衰减作用，应该考虑。

为了形象地分析不同波长雷达受强降水衰减作用所造成的回波图像失真现象，对一个假设的雨区做图 2.12 所示的分析。图 2.12a 为虚拟的近似圆形雨区，雨区直径约 8 km，中心降水强度达 100 mm/h，降水强度从中心向边缘递减。图 2.12b 和图 2.12c 分别是波长为 3.2 cm 和 10.7 cm 雷达显示的回波强度分布。可以看出，X 波段雷达由于衰减作用强烈,远离雷达的雨区没有显示出来,回波范围缩小,回波形状发生失真,强回波中心的位置偏向于靠近雷达站一侧。但 S 波段的雷达由于受强降水粒子的衰减作用小,等回波强度线与等降水强度线接近一致,回波中心强度增加,基本反映了真实强降水的位置。

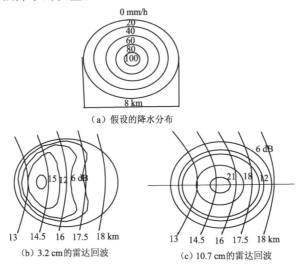

图 2.12　虚拟雨区(a)及在波长为 3.2 cm(b)和 10.7 cm(c)雷达上显示的回波示意图

　　总之,由于雨滴对电磁波衰减影响,使雷达对雨区的探测产生回波失真的现象。具体表现为雨区范围缩小,雨强减弱,并且雨强中心更靠近雷达站。我国在沿海地区安装 S 波段的雷达,在内陆雨强较弱的地区,安装 C 波段雷达,这样可以相对减少电磁波衰减对探测的影响。

　　(4)冰雹粒子的衰减

　　产生冰雹的冰晶粒子对电磁波的衰减作用较小,但冰雹在下降过程中,由于冰晶表面的融化作用,使得冰雹粒子的雷达截面比同尺寸冰晶和雨滴的雷达截面大很多,对电磁波产生严重的衰减。对于 X 波段雷达,冰雹粒子的衰减系数可达到 4 dB/km 以上。对 5.6 cm 波长的雷达,冰雹粒子也会产生很强的衰减作用,当探测大范围降水区时,由于融化冰晶粒子的作用,雷达的探测精度和探测距离会受到严重的削弱。但冰雹粒子对 S 波段雷达的衰减作用较小,探测大范围强降水时,冰晶粒子对电磁波的衰减作用较弱,雷达仍然具有较强的探测能力。

　　图 2.13 中对比不同波长雷达探测冰雹时的回波特征,发现图 2.13b 的 C 波段雷达探测的回波范围比图 2.13a 中 S 波段雷达回波范围明显偏小,且只探测到 A 区的回波,B 区的回波完全没有探测到。因此波长较短的雷达受冰雹粒子衰减作用的影响越显著。

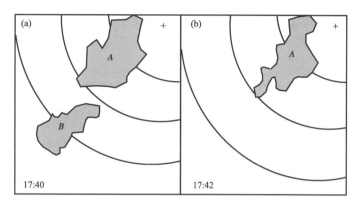

图 2.13 波长 10.7cm(a)和 5.6cm(b)的雷达探测冰雹时的回波对比图

C 波段雷达在探测冰雹时,在降雹区远离雷达站的地方,常常会出现 V 字型缺口。其形成的主要原因是电磁波在传播过程中受融化冰雹粒子的强烈衰减作用,在强降雹区离开雷达站的地方受衰减作用的影响,不能到达这些区域,也就不能产生回波,结果出现缺口朝外的 V 型弱回波区或者无回波区。图 2.14 中,鄂尔多斯 C 波段雷达探测冰雹时,出现了图中 A,B 处的 V 字型缺口。但 S 波段雷达受冰雹粒子的衰减作用不是很明显,很少观测到 V 型缺口。

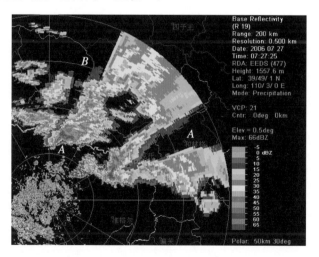

图 2.14 鄂尔多斯 C 波段雷达探测强冰雹时的强度回波图(A,B 处为 V 型缺口区)

总之,除了远距离传播外,一般气体造成的衰减作用可以忽略。云、雨滴由散射和吸收作用造成的衰减,对 X 波段的雷达作用很严重,导致雷达探测大片雨区的能力很弱。S 波段的电磁波,云、雨滴和冰雹粒子的衰减作用影响较少,几乎可以忽略不计。对 C 波段雷达,在探测强降水云时仍然会由于电磁波的衰减,接收到的图像出现失真的现象。

3. 电磁波在大气中的折射

电磁波在真空中或均质大气中,以大约 3×10^8 m/s 的速度进行直线传播,但在真实大气中,尤其是当远距离传输时,由于对流层大气的温度、压力和湿度随高度的变化,导致大气折射指数的分层分布,电磁波的传播路径会发生弯曲,出现明显的曲线传播现象,把电磁波曲线传播的现象称为大气折射。由于电磁波的曲线传播,雷达探测目标物的高度会产生误差,需要分析大气折射对雷达探测结果的影响。

大气折射现象经常会发生,如盛夏的中午,大气温度直减率有可能大于干绝热直减率($r > r_d$),此时电磁波会向上弯曲,逐渐离开地表面。在雨后晴朗的夜间,地面由于强烈的辐射降温,形成上干暖下湿冷的逆温层,电磁波在传播时就会越来越靠近地表面。

在此根据普通物理学的结论,分析大气折射规律。当电磁波斜向入射到两种不同折射指数气体的交界面上时,就会发生折射。对流层大气中,温、压、湿的空间变化很大,但相比之下,在水平方向的变化比垂直方向要小得多。如图 2.15 所示,设想大气由许多厚度为 dh 的平行薄层构成,下面一薄层大气的折射指数为 n,上面薄层为 $n + dn$,ds 为电磁波在这个薄层大气的传播路径。i 为电磁波的入射角,$i + di$ 为折射角。电磁波发生折射时如图 2.15 中黑色箭头所示。

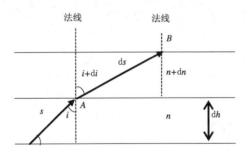

图 2.15　大气折射指数 n 的垂直梯度和射线曲率的关系图

由曲率的定义可知:　　$K = \dfrac{i + di - i}{ds} = \dfrac{di}{ds}$

ds 为图 2.15 的 AB 段,$ds = \dfrac{dh}{\cos(i + di)} \approx \dfrac{dh}{\cos i}$

天气雷达探测时,一般仰角很小,入射角 $i \approx 90°$,则 $\cos(i + di) = \cos i$

根据光学折射定律,可得:$\dfrac{\sin i}{\sin(i + di)} = \dfrac{n + dn}{n}$

展开 $(n+\mathrm{d}n)\sin(i+\mathrm{d}i)$，并略去二阶无穷小量，整理后可得：

$$\mathrm{d}i = -\frac{\sin i\,\mathrm{d}n}{n\cos i}$$

把 $\mathrm{d}s$，$\mathrm{d}n$ 代入曲率 K 的定义式中，可得到：

$$K = -\frac{\sin i}{n}\frac{\mathrm{d}n}{\mathrm{d}h}$$

当入射角 $i \approx 90°$，$\sin i \approx 1$。同时近地面大气的 n 值平均为 1.003，接近 1，上式可简化为：

$$K = -\frac{\mathrm{d}n}{\mathrm{d}h} \tag{2.17}$$

由公式（2.17）可知，当 $\frac{\mathrm{d}n}{\mathrm{d}h} < 0$，即大气折射指数 n 值随高度增加而减小时，$K > 0$，这时电磁波路径向下弯曲。$\left|\frac{\mathrm{d}n}{\mathrm{d}h}\right|$ 愈大，传播路径愈向下弯曲。当 $\frac{\mathrm{d}n}{\mathrm{d}h} > 0$，$n$ 值随高度增加而增加时，$K < 0$，传播路径向上弯曲。当 $\frac{\mathrm{d}n}{\mathrm{d}h} = 0$，则 $K = 0$，电磁波在均质大气中直线传播，无折射现象。

真实大气层结分布显著，在不同高度处，大气的温、压、湿状态不同，大气折射指数不同，大气折射指数与这些物理量之间的关系如下：

$$n(h) = \frac{77.6}{T(h)}\left(P(h) + 4810\frac{P_w(h)}{T(h)}\right) \times 10^{-6} + 1 \tag{2.18}$$

公式（2.18）中，$n(h)$ 是高度 h 处的大气折射指数。$T(h)$、$P(h)$、$P_w(h)$ 分别是这一高度处的气温、气压和水汽压。正是由于不同高度处 $n(h)$ 不同，导致电磁波束在大气中传播时会发生折射。n 值随 P，P_w 的下降而减少，随 T 的下降而增大。实际大气中，一般 P，P_w 都随高度增加而降低，且 P 和 P_w 随高度增加的减少量比 T 随高度增加而减少要快，结果大气折射指数一般随高度增加而减少。因此，雷达一定仰角发射的电磁波束会微微向下弯曲，弯曲程度可用电磁波传播路径的绝对曲率 K 来表示。

通常情况下，雷达波束的传播路径是弯曲的，地球表面也是弯曲的，这样给探测的定量计算带来不便。为了简单起见，通过对比两者弯曲程度的相对变化，把雷达波束的路径作为直线处理，计算地球表面相对于雷达波束的曲率，来确定电磁波束是会靠近或者远离地球。设地球半径为 R_e，地球的曲率为 K_e，$K_e = \frac{1}{R_e}$，约为 $15.7 \times 10^{-8}/\mathrm{m}$。地球表面相对于雷达波束的相对曲率 K' 是两者曲率的差，表示为：

$$K' = K_e - K = \frac{1}{R_e} + \frac{\mathrm{d}n(h)}{\mathrm{d}h}$$

相对曲率对应的半径称为等效地球半径(见图 2.16)，用 R_m 表示，则

$$R_m = \frac{1}{K'} = \frac{R_e}{1 + R_e \dfrac{\mathrm{d}n}{\mathrm{d}h}} \tag{2.19}$$

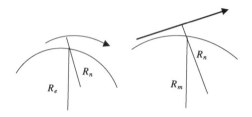

图 2.16　引入等效地球半径的示意图

（R_e 是地球半径，R_n 是电磁波束的半径，R_m 是等效地球半径）

引入等效地球半径后，把电磁波看作直线传播，分析等效地球半径与真实地球半径的相对大小，确定电磁波束是靠近或远离地球。当 R_m 等于地球半径时，电磁波路径沿直线传播，没有大气折射现象。当 R_m 大于地球半径时，电磁波在传播过程中会逐渐靠近地表面。当 R_m 小于地球半径时，电磁波会逐渐远离地球。当 R_m 趋于无穷大时，电磁波路径与地球表面平行。按照 R_m 与 R_e 的关系，根据电磁波路径与地球表面的关系，把不同大气探测条件下的大气折射分为五类，如图 2.17 所示。

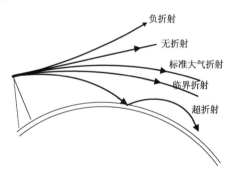

图 2.17　大气中常见的五种折射现象图

（1）标准大气折射

标准大气折射代表北半球中纬度对流层中大气折射的一般情况，或称正常折射。在标准大气条件下，随着高度增加，$n(h)$ 减小，$K = -\dfrac{\mathrm{d}n}{\mathrm{d}h} = 4 \times 10^{-8}$，$K > 0$，并且 $K < K_e$，电磁波路径的曲率在直线和地球曲率之间，绝对曲率比地球曲率 $15.7 \times 10^{-8}/\mathrm{m}$ 小，$K' > 0$，对应的等效地球半径 R_m 为 8500 km，为实际地球半径的 4/3 倍。此时电磁波不再是直线传播，而是呈向下微微弯曲。相对于无折射传播的情况，

标准大气条件下,雷达的最大探测距离可增大约 16%。

(2)临界折射

电磁波束路径的绝对曲率与地球表面的曲率相同时的大气折射称为临界折射。$K = -\dfrac{dn}{dh} = 15.7 \times 10^{-8}$,等于地球表面曲率。此时相对曲率 $K' = 0$,等效地球半径大于地球半径,并且趋于无穷大,即 $R_m = \infty$。若雷达发射电磁波的仰角为零,即进行水平探测时,电磁波束与地球球面平行传播,探测不受地球表面弯曲程度的影响。

(3)超折射

当电磁波束路径的绝对曲率大于地球表面的曲率时,相对曲率 $K' = K_e + \dfrac{dn}{dh} < 0$,即 $\left|\dfrac{dn}{dh}\right| > K_e$,$R_m < 0$。此时如果把电磁波看成直线,地球表面就会成为凹面,电磁波与地面相碰。

电磁波在大气中传播时波束碰到地面,经地面反射后继续向前传播,然后再次弯曲到地面,再经地面反射。重复多次,电磁波束在地面和某层大气之间,依靠大气折射向前传播,称大气超折射。

大气超折射出现的气象条件是随高度上升,温度上升时的大气层结状态,即大气存在逆温层的干暖盖。大气出现超折射的气象条件通常是由于大气强烈辐射作用、平流作用以及雷暴下沉气流作用所形成。大气超折射的雷达回波图像参考第四章第一节的超折射回波部分。

大气超折射对雷达探测有重要的影响。雷达波碰到地物发生超折射时,散射波能够沿同样的路径返回天线,导致地物回波显著增多增强,影响对目标物的识别。同时由于大气超折射的存在,原来探测不到的目标物在图像上显示出来,使雷达探测的最大探测距离增大。超折射也会使探测的误差增加,尤其是测高误差,因为雷达的测高公式是在标准大气折射条件下获得的,在超折射条件下,目标物的实际高度比探测的高度低,增加了测高误差。

(4)负折射

当电磁波束相对于地球表面不是向下弯曲,而是向上弯曲时的大气折射称为负折射。此时 $K < 0$,$K' = K_e - K > 0$,$K' > K_e$,波束传播路径的相对曲率大于地球曲率,等效地球半径小于地球半径,即 $R_m < R_e$。

发生大气负折射时,对流层的湿度随高度增加而增加,并且温度递减率大于干绝热直减率,即 $r > r_d$,对应大气折射指数随高度增加的大气层结状态,$\dfrac{dn}{dh} > 0$。当暖湿气流沿冷锋上爬时,或者当冷空气移到暖水域上空时,都会由于这种超干绝热而产生负折射现象。

负折射发生时正常条件下能观测到的目标看不到了,雷达的最大探测距离缩小了,会引起较大的探测误差。

(5)无折射或零折射

电磁波传播路径的绝对曲率等于零时的折射称为无折射或零折射。对于均质大气,雷达波束的绝对曲率等于零,电磁波沿直线传播,没有折射现象发生。此时 $K = 0$,$K' = K_e$,等效地球半径与地球半径相同,$R_m = R_e$。在一般情况下,大气不会出现这种情况。

以上几种大气折射中电磁波的绝对曲率、相对曲率,以及与地球曲率之间的关系见表 2.3 所示。

表 2.3　五种大气折射条件下电磁波传播中各物理量的值

类别	绝对曲率 K(/m)	相对曲率(/m)	等效地球半径(km)	电磁波传播效果
标准大气折射	4×10^{-8}	$0 \sim K_e$	$R_m = 8500$	略微弯向地表
临界折射	15.7×10^{-8}	$= 0$	$R_m = \infty$	与地表平行
超折射	$> 15.7 \times 10^{-8}$	< 0	$R_m < 0$	弯向地表面
负折射	< 0	$> K_e$	$R_m < R_e$	离开地表面
零折射	$= 0$	$= K_e$	$R_m = R_e$	直线传播

注:$K_e \approx 15.7 \times 10^{-8}$ m^{-1},$R_e \approx 6375$ km。

课后习题:

1. 根据基本雷达气象方程,讨论影响雷达探测的因子有哪些?

2. 雷达气象方程中,与雷达机有关的参数有哪些? 这些参数对雷达探测会有哪些影响?

3. 什么是脉冲宽度,什么是波束宽度,两者有什么区别? 分析两者影响雷达探测精度的原因?

4. 远距离的目标物和近距离的目标物在雷达探测中有什么区别? 距离因子影响雷达探测的根本原因是什么?

5. 什么是回波涨落现象,雷达探测中为什么会出现回波涨落现象?

6. 什么是电磁波的衰减? 引起电磁波衰减的原因有哪些?

7. 气体分子、雨滴和冰雹粒子的衰减作用对雷达探测有哪些影响作用? 解释说明这些粒子的衰减作用有什么区别? 为什么 C 波段雷达探测冰雹天气会出现 V 型缺口?

8. 大气折射指数 $n(h)$ 在对流层中随高度变化,导致大气折射现象发生,影响大气折射指数变化的因子有哪些?

9. 什么是等效地球半径,什么是电磁波的相对曲率,说明在五种大气折射条件下,等效地球半径和相对曲率的大小特征。

第五节　多普勒效应和径向速度

新一代天气雷达是多普勒雷达,该雷达在早期天气雷达探测强度的基础上,利用多普勒效应,可以进一步探测粒子的径向速度和速度谱宽,并在一定条件下反演出大气流场,用来分析气流的运动和大气湍流状况。通过探测多普勒速度新一代天气雷达增强了对强风暴的识别能力,提高了对中小尺度天气系统的监测和预报水平。

一、多普勒效应和多普勒频率

1842 年奥地利物理学家多普勒从运动着的发声源中发现,正在移动的目标物与静止的目标物相比,接收到的声波信号的频率发生了变化,后来人们将这种由于运动导致电磁波频率改变现象称为多普勒效应。因此,多普勒效应是指雷达机或者其他探测仪器接收到的电磁波与发射的电磁波存在频率改变的现象。当目标物相对于雷达运动时,接收回波信号的频率相对于发射频率的偏移量 f_d 为多普勒频率,单位为 $1/s$,或称赫兹。

下面分析多普勒频率与目标物运动速度之间的关系。假设雷达发射电磁波脉冲的初位相为 φ_0,目标物距雷达的距离为 R。当该脉冲遇到目标物发生散射后,形成的回波到达雷达的位相为 φ_1。经过一个脉冲重复周期 PRT 之后,雷达以初位相 φ_0 发出第二个脉冲,此时目标物发生了运动,距离天线为 $R + \Delta R$,返回电磁波信号的位相为 φ_2。PRT 是雷达发射两个脉冲信号的时间差,脉冲重复频率 PRF 是单位时间发射脉冲的次数,$PRF = 1/PRT$。考虑一个波长对应 2π 弧度,则电磁波脉冲往返距离 $2R$ 对应的位相差为 $2\pi\frac{2R}{\lambda}$,则

$$\varphi_1 = \varphi_0 - 2\pi\frac{2R}{\lambda}$$

$$\varphi_2 = \varphi_0 - 2\pi\frac{2(R+\Delta R)}{\lambda}$$

由于降水粒子的运动,前后两个电磁波脉冲位相的变化为:$\varphi_2 - \varphi_1$,上式两边同除以 dt,并假设发射电磁波的角速度为 ω,则:

$$\frac{\varphi_2 - \varphi_1}{dt} = \omega = -\frac{4\pi\Delta R}{\lambda\,dt} = 2\pi f_d$$

其中：
$$\frac{\Delta R}{\mathrm{d}t} = v$$

$$f_d = -\frac{2v}{\lambda} \qquad (2.20)$$

式中，v 是目标物沿雷达波束轴线方向的运动速度，称为径向速度或多普勒速度。通常规定朝向雷达运动的径向速度为负值，远离雷达运动的径向速度为正值。由公式 (2.20) 可知，当粒子离开雷达运动，$v>0$，$f_d<0$，雷达接收到的频率减小。相反，当粒子靠近雷达运动时，接收到的频率增加。由公式 (2.20) 得到目标物相对于雷达的径向速度公式 (2.21)：

$$v = -\frac{1}{2}\lambda f_d \qquad (2.21)$$

　　多普勒雷达发射电磁脉冲的初位相是已知的，且发射脉冲的频率是常数。当脉冲返回时，与初位相做比较就可以确定多普勒频率。多普勒雷达通过探测多个脉冲的多普勒频率，确定降水粒子的平均径向速度 v，并将多个径向速度的标准差定义为径向速度的谱宽，通常用 W 表示。降水粒子运动产生的多普勒频率值很小，如表 2.4 所示。但天气雷达能够测到，要求雷达有非常高的精度，而且必须以非常稳定的方式发射电磁波脉冲，才能探测到多普勒频率。

表 2.4　不同波长雷达探测粒子在不同径向运动的多普勒频率　　　　　单位：Hz

径向速度 (m/s)	波长（cm）		
	3.2	5.6	10.7
0.1	6.3	3.4	1.9
0.5	31.3	17.9	9.3
1.0	62.5	35.7	18.7
5.0	312.5	178.6	93.5
10.0	625.0	357.1	186.9

　　降水粒子运动产生的多普勒频率相对于雷达机发射频率的兆赫兹来说，是非常小的。以下用 10 m/s 运动的粒子来估计多普勒频率的大小。10 cm 波长雷达的发射频率约为 $f = c/\lambda = 3 \times 10^8/0.1 = 3 \times 10^9$ Hz。表 2.4 中多普勒频率估计值为 186.9 Hz，或者计算 $f = -2v/\lambda = 2 \times 10/0.1 = 200$。多普勒频率与雷达机发射频率相差 10^{-7} 个量级，由此可见，多普勒频率是一个惊人的发现。

二、径向速度

　　径向速度或多普勒速度，是目标物沿雷达半径方向的运动速度（见图 2.18）。当粒子沿其他方向运动时，径向速度只是真实速度沿雷达半径方向的分量。与径向速度相对的是切向速度,即垂直于雷达半径方向运动的速度分量,雷达是不能探测切向速度的。

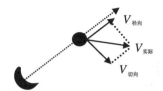

图 2.18 径向速度和切向速度的示意图
（虚线箭头为发射电磁波的方向）

径向速度是真实风速的一个分量,因此,径向速度值总是小于或者等于实际目标物的运动速度。当目标物的径向速度为零时,目标物或者沿该处的切向方向运动,或处于静止状态。

三、速度模糊和最大不模糊速度

雷达探测的多普勒频率与径向速度根据公式(2.20),可以唯一确定。但是多普勒雷达能够测量一个脉冲到下一个脉冲的最大位相差为180°(或者弧度 π)。如果目标运动的径向速度值不高,前后两个脉冲的位相差小于180°,那么对径向速度的估计值是正确的。但如果一个目标在两个脉冲之间移动得太快,径向速度值过高,两者的位相差会超过180°,雷达会赋予一个小于180°的位相差。此时雷达对目标物径向速度的估计是错误的,这种现象称为速度模糊。与180°位相差对应的径向速度值为最大不模糊速度 V_{max} 。

在此推导最大不模糊速度的大小。在脉冲重复周期 PRT 内,两个脉冲的位相差 $\Delta\varphi$ 达到最大值 π。参考在一个波长范围内,位相差为 $\Delta\varphi=2\pi$。取最大位相差 $\Delta\varphi=\pi$,可得

$$\frac{2\Delta R}{\Delta\varphi} = \frac{\lambda}{2\pi}$$

令 $\Delta\varphi = \pi$,$\Delta R = \frac{\lambda}{4}$,且前后两个脉冲的时间差为 PRT,得

$$v_r = \frac{\Delta R}{PRT} = \frac{\lambda}{4PRT}$$

将脉冲重复频率代入上式,得到最大不模糊速度 V_{max}:

$$V_{max} = \frac{\lambda \times PRF}{4} \tag{2.22}$$

如果雷达发射电磁波的波长 λ 为 10 cm,脉冲重复频率 PRF 为 1000 Hz,可由公式(2.22)得到最大不模糊速度 V_{max} 为 25 m/s。当实际降水粒子的径向速度大于 25

m/s 时,雷达探测就会出现速度模糊,这时雷达估计的径向速度是虚假的。速度模糊在径向速度图上表现为最大正速度区与最大负速度区相连接,正负最大速度色标所包围的区域为速度模糊区,即最大负速度区包围着最大正速度区,或者相反。如图2.19 中圆圈所示的黄色区域和橙色区域。

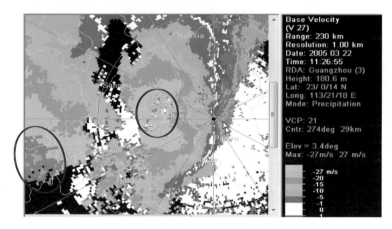

图 2.19　广州雷达探测飑线大风的速度模糊图
(圆圈标注了速度模糊区的范围)

对出现速度模糊的区域,可采用 Nyquist 公式(2.23)进行还原,获得真实的径向速度值。

$$V_t = V_r \pm 2NV_{max} \qquad (2.23)$$

式中,V_t 是真实速度,V_r 是雷达径向速度图显示的速度值,N 是速度模糊的次数。对正速度区还原时在上式使用正号,负速度区用负号。在对速度模糊区进行还原时,需要对径向速度值进行分析,确定合理的真实值。

四、径向速度谱宽

径向速度谱宽简称速度谱宽,是雷达探测径向速度的标准差,该数据可以用来说明雷达有效照射体积内各个云雨目标物径向速度偏离平均值的程度,因此速度谱宽是由于粒子群中的粒子具有不同的径向速度所引起的。当速度谱宽增加时,径向速度估计值的可靠性就减小,因此谱宽数据可用来对径向速度数据进行检验,评估径向速度的可靠性。较高谱宽值反映出径向速度估算越不确定,甚至速度数据是不正确的。

除了径向速度的可靠性差导致径向速度谱宽值较高以外,一些典型的气象特征和条件也会导致相对较高的谱宽值,如垂直方向上的风切变,大气的湍流运动,波束宽度引起的横向风效应,以及不同直径的降水粒子产生的下落末速度不均匀等都导致较高的速度谱宽值出现。基于以上原因,速度谱宽值有助于识别系统边界,判断雷暴、风切变、湍流和边界线等现象。如图 2.20 所示的暴雨和飑线天气中,都出现了较高的速度谱宽值。

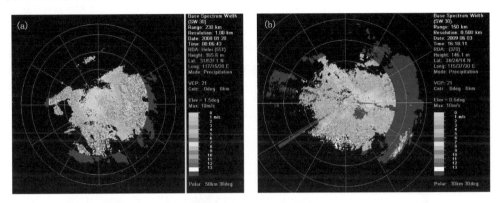

图 2.20　合肥雷达探测暴雨(a)和商丘雷达探测飑线天气(b)的速度谱宽图

五、距离折叠和多普勒两难

新一代天气雷达探测时存在一个最大探测距离。最大探测距离是雷达发射一个脉冲,在发射下一个脉冲前第一个脉冲能够回到雷达天线的最大距离,即在一个脉冲重复周期内,电磁波能够向前传播并返回雷达的最远距离,见图 2.21 中的 R_{max}。R_{max} 称为最大探测距离或最大不模糊距离。

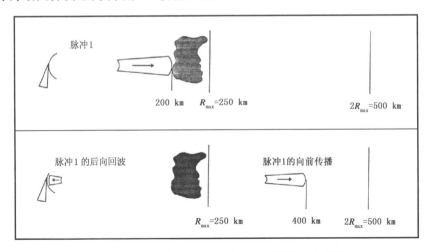

图 2.21　目标物位于 R_{max} 内时的正常回波示意图

$$2R_{max} = PRT \times c_o$$

即
$$R_{max} = \frac{c}{2PRF} \qquad (2.24)$$

当目标位于 R_{max} 以外时,降水云粒子发生散射后返回的电磁波信号会在雷达接收第二个脉冲信号的时候到达雷达。这时雷达会根据第 2 个脉冲发出和返回时间来估计目标物的距离,雷达确定目标物位置出现误差,这种现象称为距离折叠或距离模糊。距离折叠是雷达对目标物位置的一种辨认错误,回波的方位是正确的,但是距离是错误的,如图 2.22 所示,降水云位于最大探测距离 250 km 以外时,由于距离折叠,在 100 km 以内出现了斜线所示的虚假回波区,目标物的真实位置处没有回波出现。

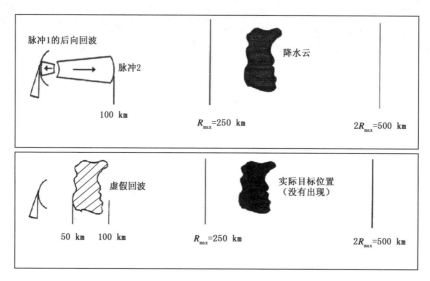

图 2.22　目标位于 R_{max} 之外的距离折叠回波示意图
(R_{max} 是雷达最大探测距离,斜线处为虚假回波的位置)

图 2.23 显示了实际探测中发生距离折叠时的回波形态,在强回波靠近雷达站的地方,辐辏状的弱回波区出现,就是由于距离折叠产生的虚假回波。虚假回波的出现说明在最大距离圈 150 km 之外,还有较大范围的回波区,受距离折叠的影响,在 120 km 以内形成了虚假的回波。

降水探测中雷达机的波长是固定的,当选定了最大不模糊距离 R_{max},由公式 (2.24)就有唯一的 PRF 与之对应,当 PRF 确定后,由公式(2.22)得到一个最大不模糊速度。

由公式(2.24)最大探测距离 $R_{max} = \frac{c}{2PRF}$ 和最大不模糊速度 $V_{max} = \frac{\lambda PRF}{4}$,可

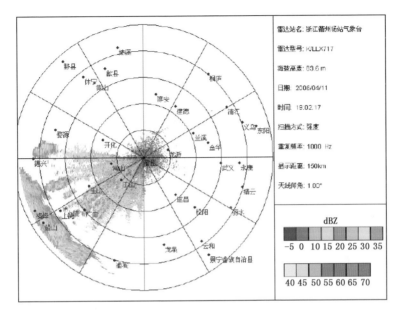

图 2.23　实际观测中的距离折叠图

得到：

$$R_{\max}V_{\max} = \frac{c\lambda}{8} \tag{2.25}$$

当雷达波长一定时公式(2.25)右边是常数。若要求测速范围大,其测距范围必然要减小,反之亦然。由表 2.1 也可以发现,波长一定,当雷达探测径向风速的能力增强时,其测距能力就会减小。即当要求探测的最大不模糊距离增大时,PRF 就应该降低,但 PRF 降低时,探测的最大速度 $V_{\max}$ 就会降低。因此,雷达机探测雨区的最大距离和最大径向速度不能同时兼顾,这种现象称为"多普勒两难"。在设计雷达参数时,只能选择适当的脉冲重复频率,尽可能满足最大探测距离 $R_{\max}$ 和最大探测速度 $V_{\max}$ 的实际探测要求。新一代天气雷达最低两个仰角使用不同的脉冲重复频率,其中低 PRF 用于探测距离,高 PRF 用于探测速度,这样就避免了"多普勒两难"的问题。

六、雷达的测高公式

天气雷达在探测中需要探测云雨发展的高度,来判断降水云的发展情况,因此测高是雷达探测的关键。当考虑大气折射和地球曲率对电磁波传播的影响时,按图 2.24 示意推导出雷达探测大气的测高公式,R_m 为等效地球半径,h 为天线底座的高度,H 为实际目标物的高度,α 为天线的仰角。

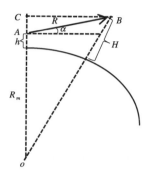

图 2.24　雷达测高原理的示意图

(A 为天气雷达的位置，α 为天线仰角，R 为目标物离开雷达天线的距离，

h 为雷达天线底座的高度，H 为目标物实际高度)

$$\angle CAB = \frac{\pi}{2} - \alpha$$

$$CB = R\sin(\frac{\pi}{2} - \alpha) = R\cos\alpha \qquad AC = R\cos(\frac{\pi}{2} - \alpha) = R\sin\alpha$$

根据直角三角形原理：

$$(H + R_m)^2 = (R\cos\alpha)^2 + (R_m + h + R\sin\alpha)^2$$

展开上式：$\dfrac{H^2}{2R_m} + H = \dfrac{(R\cos\alpha)^2}{2R_m} + \dfrac{h^2}{2R_m} + \dfrac{(R\sin\alpha)^2}{2R_m} + h + r\sin\alpha + \dfrac{hR\sin\alpha}{R_m}$

考虑到 $h \ll R_m$，略去小项后得到：

$$H = h + R\sin\alpha + \frac{R^2}{2R_m} \qquad\qquad (2.26)$$

公式(2.26)为考虑地球曲率和大气折射影响后的测高公式，$\dfrac{R^2}{2R_m}$ 是修正的目标物高度，一般称为地曲补偿项。在标准大气折射条件下，等效地球半径 R_m 约为 8500 km，代入公式(2.26)中，可得到标准大气折射条件下的测高公式(2.27)，公式中各物理量的单位统一为 km。

$$H = h + R\sin\alpha + \frac{R^2}{17000} \qquad\qquad (2.27)$$

实际探测中根据标准大气折射条件下雷达的测高公式(2.27)，确定目标物高度，经常会产生误差，有时误差甚至可达几千米。这些测高误差的来源主要包括：雷达设计准确度，天线高度 h，仰角误差引起等效地球半径的误差，以及大气折射引起的测高误差等。

课后习题：

1. 什么是多普勒效应,什么是多普勒频率和径向速度？降水粒子的径向速度与实际运动速度有什么关系？

2. 多普勒雷达探测速度的根本原理是什么？

3. 什么是径向速度的谱宽？雷达探测的径向速度谱宽值有什么重要意义？

4. 什么是距离折叠？雷达为什么会有最大不模糊距离？什么是多普勒两难？假如一个波长为 10 cm 的雷达发射电磁波的脉冲重复频率 PRF 为 1000 Hz,请分析该雷达的最大探测距离和最大探测速度。

5. 假设在标准大气条件下,多普勒雷达的天线底座高度为 500 m,当以 0.5°仰角探测时,最大探测距离为 460 km,采用 7.5°仰角探测时,最大探测距离为 115 km,利用测高公式分析这两个仰角探测的最大高度是多少？

6. 已知一部波长 5 cm 天气雷达的脉冲重复频率 PRF 为 1000 Hz,计算该雷达的最大不模糊距离和最大不模糊速度。当某个探测仰角的径向速度图出现速度模糊(仅发生一次模糊),较大的正速度中心出现了风速为 -10 m/s 的速度,请求出该处真实的风速。

7. 已知一部 C 波段天气雷达天线高度为 50 m,脉冲重复频率为 1000 Hz,请完成以下问题:(1)计算该雷达的最大不模糊距离。(2)假设标准大气条件下,该雷达扫描仰角为 1.5°,计算出最大不模糊距离位置处的测量高度。($\sin 1.5° = 0.0262$)

第三章　新一代天气雷达的径向速度图像识别方法

第一节　新一代天气雷达的数据产品和显示方式

新一代天气雷达按照全方位体积扫描的方式完成探测后,根据多普勒雷达的基本探测原理,可以生成基数据,并在基数据的基础上按照一定的算法生成各种产品。新一代天气雷达获取的数据具体包括以下几种:

(1)基数据:反射率因子 R、径向速度 V、谱宽 W。

(2)物理量产品:回波顶高、1小时降水量、3小时降水量、风暴总降水量、垂直累积液态水含量、组合反射率、风廓线等物理量,以及中气旋、龙卷涡旋、冰雹指数等识别产品。

显示以上雷达数据的常用软件有 PUP 和 MICAPS 操作系统,以及不同厂家为本厂雷达设计的软件。这些软件在显示数据时,通常可以显示鼠标所在处的经纬度,或者方位角、半径和高度,以及探测值信息,并在图像中叠加地形、河流等地理信息数据,增加距离圈和半径,实现把各种识别产品叠加在基数据和物理量产品之上等功能。此外,雷达图像显示中可以实现漫游、开窗、放大、动画,以及多图像显示和保存等功能。PUP 软件上还可以进行鼠标连动,记录匹配参数等快捷的图像浏览操作。

雷达获取的数据利用上述软件进行显示,通常可以采用 PPI,RHI 和其他剖面显示的方式。在这些显示方式中,可以显示图像的探测时间、仰角、色标、雷达站的位置、海拔高度,以及探测极值等信息。剖面显示方式中,还标明了基线起点和终点的经纬度(或者方位角和半径等),一些物理量还标有统计的起始和结束时间。

一、平面位置显示

平面位置显示(Plan Position Indicator,简称 PPI),或称平面显示,是雷达天线以固定仰角,全方位扫描方式获取数据,通过以雷达站为中心的极坐标形式,采用不同色标以圆盘状来表示数据的大小或者方向(见图 3.1)。PPI 是雷达数据最基本的显示方式,在业务应用中最广泛。

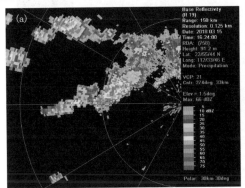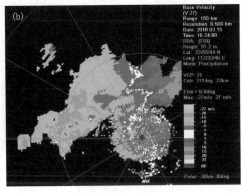

图 3.1 PPI 显示的基本强度(a)和径向速度(b)图

在 PPI 显示中不同仰角下,根据雷达的测高公式,不同半径处探测的高度是不一样的。如图 3.2 中 A,B,C 三点的半径不同,探测的高度 H 也不相同。通常情况下,离开雷达站越远,显示的回波越高。

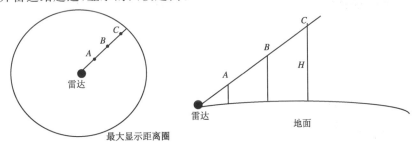

图 3.2 PPI 显示的示意图和沿半径上 A,B,C 三点的剖面图

PPI 的显示方式以雷达体扫的探测方式为基础,并且能够实时显示各种基本回波形态,如在强度场上探测到的片状、块状、絮状回波等,还能探测到一些特殊的回波形态,如钩状回波、指状回波、带状回波、V 字型缺口、旁瓣回波、三体散射、螺旋状回波等,因此 PPI 显示在长期使用中积累了丰富的经验(见图 3.3),可以根据回波形态分析对应的天气发展。

在径向速度图上的 PPI 显示方式可以显示不同尺度的环流特征。如大尺度流场的锋面、高低空急流和辐合辐散场等,并根据风向随高度变化特征,分析雷达站附近大气的冷暖平流,同时 PPI 可以显示中小尺度天气系统的全貌,如中气旋、中尺度辐合、辐散、飑线和阵风锋等天气系统。

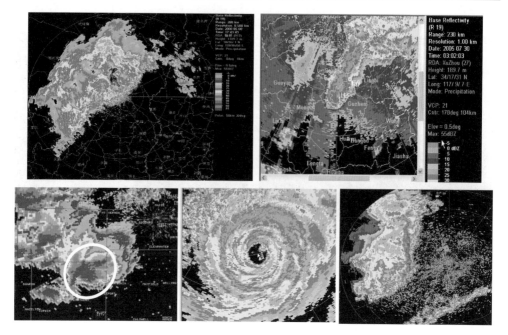

图 3.3　PPI 显示的片状、指状、带状、钩状、涡旋状、块状和带状回波图

二、剖面显示

　　早期雷达可以采用垂直扫描的探测方式,并将获取的数据用距离高度显示(Range Height Indicator,RHI)的方式进行显示,该方式是雷达天线通过固定方位角做俯仰扫描的探测方式。获取数据显示在以雷达站为坐标原点的垂直坐标系中,坐标原点位于雷达站,水平坐标是离开雷达站的距离,垂直坐标是高度。RHI 扫描的方位角是用户自选的,可以在结果中查看。

　　新一代天气雷达的探测模式,决定了探测仰角是固定的,雷达的 RPG 系统可根据用户的产品请求,根据原始探测结果,生成任意剖面显示需要的数据。任意剖面显示方式可以显示强度和径向速度等,分别称为速度剖面显示(Velocity Cross Section,简称 VCS)和强度剖面显示(Reflectivity Cross Section,简称 RCS)。这种任意剖面显示与早期雷达的 RHI 相似,都具有对降水云空间结构的显示功能。VCS 和RCS 能够显示强回波发展的高度和强度,中尺度降水云体内部的垂直结构,对流层低层的弱回波区,以及高悬的强回波等特征,还可以显示垂直方向上的一些特殊回波形态,如穹窿、回波墙、云砧、三体散射和旁瓣回波等(见图 3.4)。这些剖面显示的特殊回波可以用来判断强对流天气的发展阶段,以及对流云的维持和变化特征。

　　任意剖面显示不受固定方位角的限制,在 PPI 上确定两点,以两点连线作为垂直剖面的基线,显示出垂直剖面与其他仰角相交的数据。剖面的基线可以任意选择,通常沿降水中心根据系统的走向,做对流性天气的垂直剖面,也可沿垂直降水系统的方向,因此,这种显示方式可以分析任意方向降水云的垂直结构。由于体积扫描时,雷达的仰角是固定的,相邻仰角之间的间隔有时会比较大,尤其在仰角较高时。不同仰角之间没有探测记录的区域,需要采用双线性插值和距离加权平均插值的方法予以弥补。由此导致生成的 RCS 和 VCS 数据有时会有较大的误差,或者明显的不连续性。

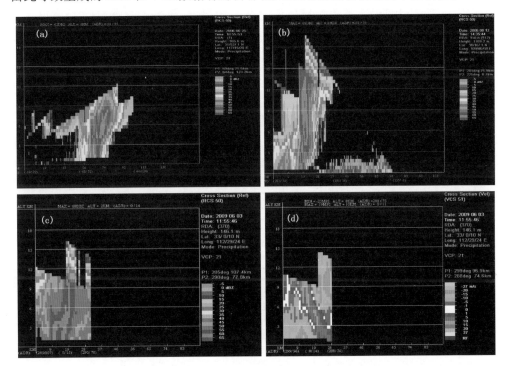

图 3.4　任意剖面显示的强度剖面 RCS(a,b,c)和速度剖面 VCS(d)图

RHI 显示和任意剖面显示 VCS 和 RCS 中,为了便于分析回波的空间结构,垂直坐标是经过放大了的。对于没有方向性的标量产品,如强度和谱宽等,这种放大对数据分析没有影响。但对于带有方向性的径向速度产品有时会造成判断的失误,这是任意剖面显示的缺点。

课后习题:

1. 什么是雷达数据的 PPI 显示? 该显示方式有哪些优点?

2. 什么是雷达产品的任意剖面显示 RCS 和 VCS,该显示方式与雷达产品的 RHI 显示方式有哪些区别,说明雷达资料任意剖面显示的优点和缺点是什么?

第二节　大尺度天气系统的径向速度图像识别

新一代天气雷达的优点是能够探测到降水粒子的平均径向速度,并可以通过径向速度的分布反推出真实的大气流场,判断对流层中的锋面、切变线和辐合线等天气系统的特征,并根据雷达站周边风速场的分布和强度,进行大风的预警和预报。此外,还可以根据不同高度的风场特征,确定高低空急流的走向和强度,判断风向随高度的顺转或逆转,确定大气中的冷暖平流等。

一、径向速度图像的识别方法

从径向速度图反推实际风场的前提是风场连续,即各高度层上风向、风速比较均匀。在没有强烈垂直运动的情况下,大多数风场在水平方向上都可认为满足风场连续的法则,没有强烈的水平切变,仅在垂直方向上有变化。在这个前提条件下,任何一点的风向和风速都可以代表这点所在高度平面上整体的风向和风速,如图 3.5a 中显示的雷达探测各高度上的实际风速场在雷达图像上的风场如图 3.5b 所示,即雷达体扫的距离圈上任一点的风向、风速与该点所在圆圈高度处的风向、风速一致,能够代表整个高度层的风。

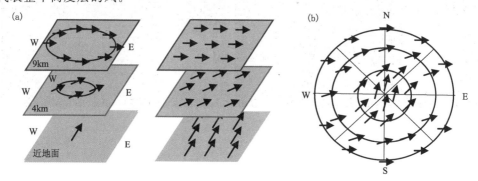

图 3.5　实际大气流场中各高度上的风向(a)和雷达图像显示的风速场平面(b)图

假设实际流场从低到高均为西风,径向速度为实际风在半径方向的投影,对应的雷达径向速度如图 3.6a 中虚箭头所示。在雷达站西侧,气流相对流入,径向速度为负值。东侧气流相对于雷达站为流出,径向速度为正值。在 $270°$ 方位角径向速度达到最小值 V_{min},$90°$ 方位角为正径向速度最大值 V_{max}。$0°$ 和 $180°$ 方位角上风向垂直于半径,径向速度为零。因此,径向风速值随方位角的变化可以用图 3.6b 的正弦曲线来表示。

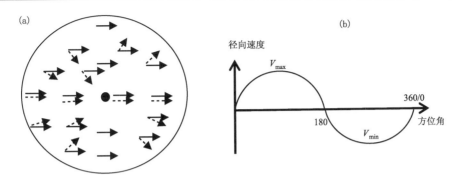

图 3.6　均匀西风流场的径向速度(a)和径向速度随方位角的变化曲线(b)图
（图 a 中实箭头为真实风,虚箭头是对应的径向风;图 b 中 V_{max} 和 V_{min} 为最大和最小的径向风速）

　　零径向速度线是径向速度为零的点构成的线或带,是识别径向速度图的关键。当径向速度为零时,表示降水粒子不存在沿半径方向的运动,那么粒子或者是静止的,或者只有切向运动。通常情况下,粒子很少处于静止状态,因此零径向速度线上任一点的风向垂直该点处的半径,并且从负速度区指向正速度区。根据这一点可以反推实际大气流场风矢量的分布。需要注意的是,实际风矢量必须与零速度点所在的半径垂直,而不是与零速度线垂直。

　　因此,径向速度场的识别依据:在风场连续的前提下,沿雷达站到零径向速度线上的任何一点做半径,过该点的风向垂直于此半径,从负速度区指向正速度区。如图3.7 中的点 1,风向垂直于该点所在的半径,从负速度区指向正速度区,表明虚线距离圈所在高度吹西南风,依次类推点 3 和点 5 所在高度的风向为西风,从地面到高,风向从偏南风,连续顺转成偏西风。

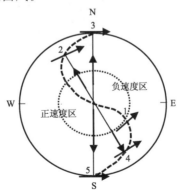

图 3.7　利用零径向速度线上的点分析对应高度上的真实风向图
（粗虚线为零速度线,细虚线为距离圈,箭头为实际风向）

但有时径向速度图上一些区域的真实风速值非常低,表明该处的大气运动速度极小或处于静止状态,导致图像上出现连续片状的零速度区,而没有显著的零径向速度线或零速度带出现。

二、风场连续的径向速度图像

1. 均匀流场

均匀流场是指各高度上风向一致,风速相等的流场。对应的径向速度图上,各等风速线和零速度线为直线,在雷达站上汇合,且零速度线垂直于真实的风向。

分析均匀西风流场的径向速度图,如图 3.8 所示,零速度线和其他等风速线均为直线,所有等风速线汇集到雷达站中心。判断这类型均匀风场时,真实风向垂直于零速度线,从最大的负速度区吹向最大的正速度区,真实流场的风速值为图像上该点所在距离圈上径向风速的最大值,即图 3.8 中黄色区的正速度值或者对称区域的最大负速度值。

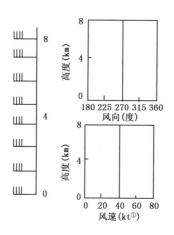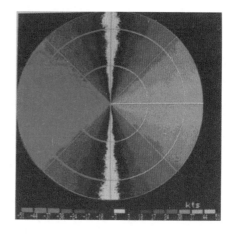

图 3.8　均匀西风流场中,风向和风速随高度的变化,及对应的径向速度图(后面说明相同)

2. 风速不变,风向随高度顺转

当风速不变,风向随高度顺转时,对应的径向速度如图 3.9 所示。零径向速度线和其他等风速线呈"S"型,且均通过雷达站。各高度层上的风向可从零速度线上任一点来分析。图 3.9 中近距离圈所表示对流层低层是南风,距离圈向外扩展,到中层逐渐顺转为西南风,再向外到对流层顶转变成西风,对应着大气层深厚的暖平流。各高度上的风速值可从每个距离圈所在的最大风速值上读取,图中各高度风速值为 40 m/s。

---

① kt 为风速单位节,1 kt=1.85 km/h=0.514 m/s,下同。

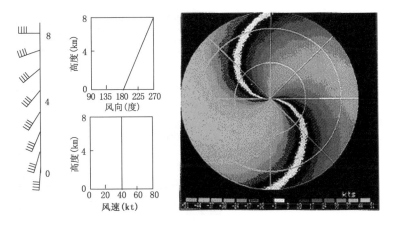

图 3.9　风速不变,风随高度顺转的模拟图

从实测的风向随高度顺转的径向速度图(见图 3.10)上分析,对应的零速度线呈明显的 S 型,图 3.10a 中风向随高度顺转,从近地层的偏东风顺转成东南风,再到高层发展为偏西南风,呈明显的暖平流。图 3.10b 中风向从偏东风顺转成偏西南风,风向顺转强烈,但风速变化很小,风速值约为 5 m/s。图 3.10c 中风向由低层偏东南风,顺转成高层的偏西南风。测站西北侧还有明显的辐合线发展,东南侧有辐散区存在,且图 3.10 中风速变化都很小。

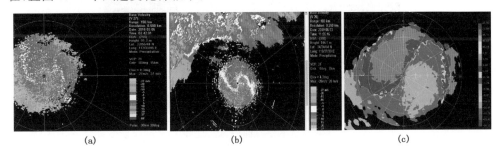

图 3.10　实测的风速不变,风向随高度顺转的速度图

3. 风速不变,风向随高度逆转

当风速不变,风向随高度逆转时,对应的径向速度图如图 3.11 所示。图中零径向速度线和其他等风速线呈反"S"型,且均通过雷达站。从每个距离圈上的大风速中心值上读取各高度上风速值,发现从低到高,风速变化很小,风向随着高度逆转,低层为偏南风,到高层逐渐逆转为偏东风,对应着对流层的冷平流。

实测的风向随高度逆转的速度图如图 3.12 所示。图中零速度线呈反"S"型。低层的近距离圈上风向为偏东北风,逐渐变成偏北风,再到高层变成偏西北风,气流

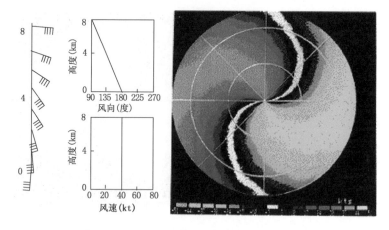

图 3.11　风速不变,风向随高度逆转的模拟图

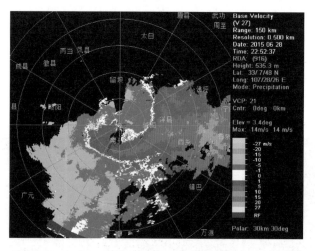

图 3.12　实测的风速不变,风向随高度逆转的径向速度图

呈明显的逆转。在测站西南侧 $180°\sim240°$ 方位角的中层出现辐合线,且各高度上风速变化很小。

4. 风向不变,风速随高度增加

当风向不变,风速随高度增加时,对应的径向速度图如图 3.13 所示。图中零速度线呈直线,其他等风速线也是直线,呈辐辏状,且在零速度线两侧靠近图像边缘的区域,出现正负速度中心。

5. 风向不变,风速随高度先增加后减小

当风向不变,风速随高度先增加后减小时,对应的径向速度图如图 3.14 所示。

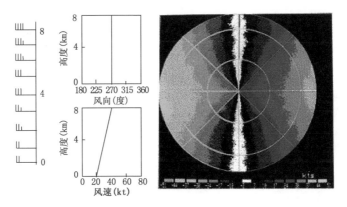

图 3.13　不同高度风向不变,风速随高度增加的模拟径向速度图

图中零速度线呈直线,在零速度线两侧出现对称的正负速度中心,即通常所说的"牛眼",表现出典型的急流图像特征。在急流所在高度处,两个对称"牛眼"表明急流的风向是从负"牛眼"区指向正"牛眼"区,急流的强度可以从"牛眼"所在处的径向速度值上读取。

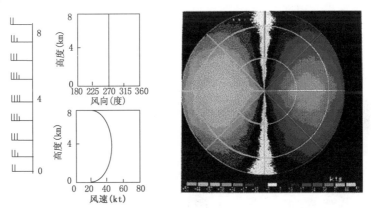

图 3.14　风向不变,风速随高度先增加后减小的模拟径向速度图

　　从实测的风速随高度增加的径向速度图(见图 3.15)上可以看到两个明显的正负速度中心对应的"牛眼",从低层到中层,风速不断增加,在中层出现东北风的急流,中心速度可达到 27 m/s 以上,再向高处风速逐渐开始减小。图 3.15b 实测的径向速度场中,大气流场以西南风为主,风向变化很小,分别在对流层低层和高层存在两个大风速中心,对应图中的黄色和蓝色区域,表明该高度上有风速的大值,或者有急流带出现。

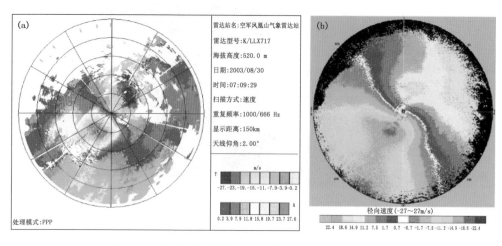

图 3.15　实测的风速随高度先增加后减小的径向速度图

6. 风速先增加后减小,风向随高度顺转

当风速随高度先增加后减小时,且风向随高度顺转时,对应的径向速度图如图 3.16 所示。零速度线呈"S"型,在零速度线两侧出现正负速度中心,表明对应高度上有急流或大风速带出现。风向随高度从偏南风顺转成偏西风,在中层出现 20 m/s 以上"牛眼",说明此时存在西南风急流。

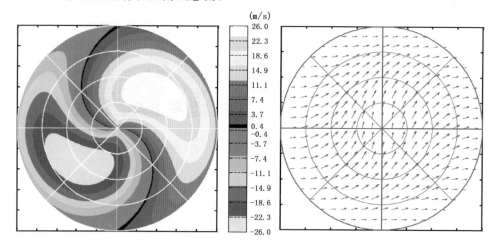

图 3.16　风向随高度顺转,风速随高度先增加后减小的模拟径向速度图

实测风速随高度先增加后减小,且风向随高度顺转的径向速度图如图 3.17a 所示。其中零径向速度线为 S 型,风向随高度顺转,且风速从低到高增大了两次。有

东北向低空急流和偏西风的高空急流。图 3.17b 中零速度线为反 S 型,表明对流层为冷平流,而且风速随高度先增大后减小,且发生了两次,存在除冷平流外,两个大风速带,分别为西北风低空急流和偏西南风高空急流。

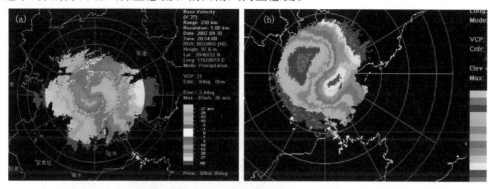

图 3.17　实测的风速先增加后减小,且风向随高度顺转(a)和逆转(b)的径向速度图

整理出各类连续风场的雷达径向速度图,如图 3.18 所示。

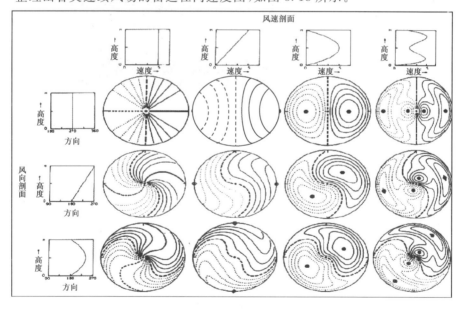

图 3.18　不同类型连续流场的径向速度图

三、垂直方向风场不连续的径向速度图

对流层大气中常常出现在垂直方向上风向不连续的现象,如风向出现的垂直切

变,或存在高低空急流相交时。以下分析风场在垂直方向不连续时的径向速度图像。

1. 风向突变 90°

图 3.19 为近地层是东南风,到高层突变成西南风时的径向速度图。图上零速度线出现明显的折角,并出现两对速度大值中心,在各高层上都出现了风速随高度先增加后减小的现象。对应的高度上有东南风和西南风的急流,并且有速度模糊现象出现。

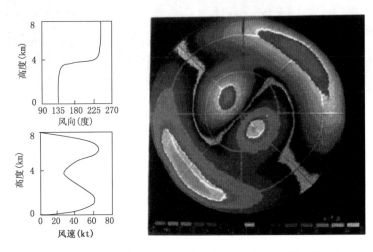

图 3.19　风速随高度先增加后减小,风向突变 90°的模拟图

2. 风向突变 180°

分析风向在垂直方向上出现 180°突变时的径向速度图(见图 3.20),大气流场由低层的东风突变为高层的西风,风向突变达 180°。对应的东风和西风都出现了正负速度值中心,说明在各个高度上存在风速先增大,后减小的变化,且出现了速度模糊,表明气流达到了急流的强度。

3. 风向不规则变化

实际的雷达观测中,在垂直方向上更多出现的是风向不规则变化的现象,如图 3.21a 中,低层有偏东风的两个急流层,到高层后风向相反,转变成偏西风的急流。图中出现速度模糊现象,表现为图 3.21a 中左侧的黄色和右侧的蓝色区。图 3.21b 中低层为偏东北风,急流速度达 27 m/s,到高层突变成西南风,两个高度上风向突变接近 180°。

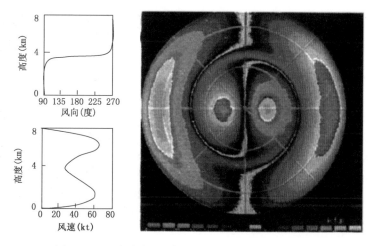

图 3.20 风向突变 180°,风速先增加后减小的模拟图

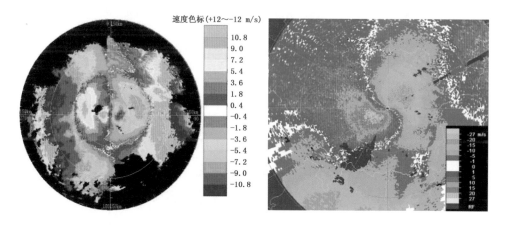

图 3.21 实际探测的高低空风向突变的径向速度场图

四、大尺度辐合和辐散场

1. 大尺度辐合场

如果实际风向在各高度层上均为辐合时,对应的径向速度图上零速度线呈现弓形,且弓背位于雷达站,如图 3.22 所示。图中测站的北部区,风向随高度顺转,从偏西风变为东北风。测站的南部地区,风向随高度逆转,由偏西风逆转为西南风,径向入流位于弓形的西侧,整个流场上,表现出大尺度的辐合运动。从正负速度区的面积上也可判断大尺度流场的辐合和辐散性。图 3.22 中,从正速度区的面积小于负速度区的面积上,也可以判断大尺度的气流为辐合运动。

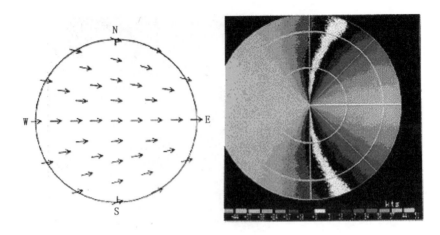

图 3.22　大尺度辐合场的模拟速度图

2. 大尺度辐散场

　　如果实际风向在各高度层上表现为大尺度西风气流的辐散运动时,对应的径向速度图 3.23 上,零速度线呈弓形,弓背位于雷达中心,图中测站北部的气流从低到高,风向从偏西风转变成偏西南风,风向顺转。但在图中测站南部,风向由偏西风逆转成偏西北风。各高度上的风向呈现辐散的特性,且正速度区的面积大于负速度区的面积,也可以判断出大气流场的辐散运动。

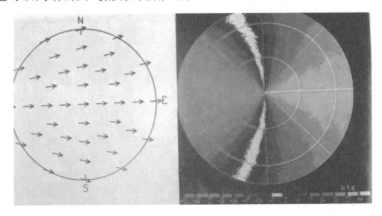

图 3.23　大尺度辐散流场的径向速度图

　　实测的大尺度辐散场的径向速度图如图 3.24 所示。图中北部,零速度线呈 S 型,风向随高度顺转,且从偏东变为偏东南风。而在图形南部,风向随高度逆转,由偏东风道转为偏东南风。西侧为出流区,东侧为入流区,入流区面积小于出流区面积,表现为东风气流形成大尺度的辐散场。

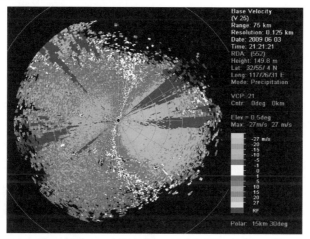

图 3.24 实测的东风气流形成的大尺度辐散场的径向速度图

实际大气中经常出现流场的风向不变,但风速有明显辐合或者辐散的现象。如图 3.25 是风向不变,风速辐散时的径向速度图。测站西南侧,风速随高度的增加而减小,在近距离圈的低层有极大值的闭合区域。在测站东北侧,风速随高度向上持续增加,在最大距离圈上有极大值的闭合区域。表现为同一距离圈上,流出气流大于流入气流,风速辐散特征明显。

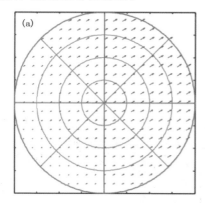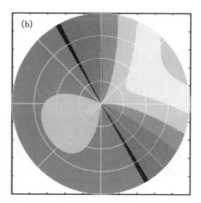

图 3.25 风向不变,风速辐散的流场(a)和径向速度(b)图

五、水平方向上风向不连续的速度图

锋面和切变线是大气尺度的系统,远远大于天气雷达的有效探测半径 300~450 km,所以雷达只能探测到这些系统一些部位的情况,不能窥视全貌。在锋面和切变

线附近,大气运动风向表现出明显的不连续性。可以根据径向速度图中零速度线上的直角来判断锋面和切变线的位置。以下以冷锋为例,说明锋面经过雷达站前后径向速度图像的变化。

1. 冷锋过境前

当冷锋位于测站西北部,还未到达测站,向测站靠近时。冷锋以北为偏西北风气流,锋面前为西南气流,假设锋面前后的风速大小相同。对应的径向速度图 3.26 中,在对流层的中层冷锋两侧的径向风速达到最大值,存在类似"牛眼"的闭合中心。零径向速度线出现 90°折角,在图像西北部和西南部出现两个负速度区的大值中心,东北部为正速度中心。确定锋面位于零速度线折角北部的零速度线及其向西南方向的延长线上。

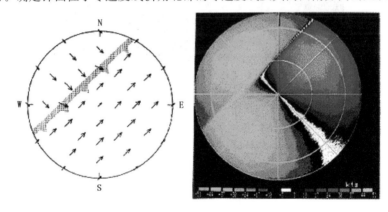

图 3.26 锋面未过境时的风场示意图和径向速度图

实测的冷锋过境前的径向速度图 3.27 中,零速度线呈 90°的折角,锋面位于折角所在的零速度线处,冷锋后为西北风气流,冷锋前西南风强盛,出现大于 10m/s 的强风速中心,接近低空急流的强度。

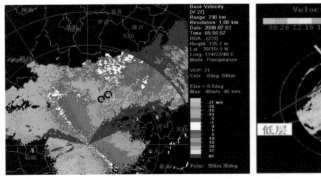
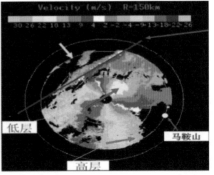

图 3.27 实测的冷锋未过境时的径向速度图

2. 冷锋过境时

当冷锋位于雷达站附近时,对应的径向速度图 3.28 上,测站西北方的负速度区面积扩大,零速度线呈直角,表现在冷锋后风向不变,西北风的风速随高度先增加后减小。在冷锋前,西南风的风向不变,风速随高度增加,在对流层高层达到最大值。

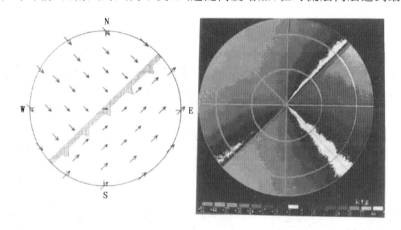

图 3.28　冷锋到达测站时风场的示意图和径向速度模拟图

3. 冷锋过境后

冷锋经过测站以后,继续向东南方移动时,测站及其以北地区的零速度线呈反"S"型,风向随高度逆转,如图 3.29 所示,表现为偏北风显著的冷平流,是冷锋过镜后气温下降的原因。风速随高度增加,冷锋位于零速度线呈直线的方向及其延长线上,锋前的零速度线呈部分"S"型,风向随高度顺转,表明锋前以弱西南风为主的暖平流。在锋面的零速度带两侧速度等值线比较密集。

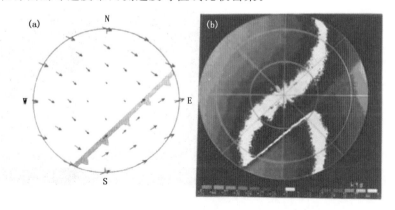

图 3.29　锋面经过雷达站后的风场示意图(a)和径向速度(b)图

　　实测的冷锋通过雷达站后的强度图(见图 3.30a)。锋面附近出现明显的东北—西南向强回波带,带状降水区回波的西北侧为大面积的弱回波区。径向速度图(见图3.30b)上雷达站西北部风向为西北偏西风,对流层顶达到偏西风急流,出现速度模糊,还原后的风速值约为 34 m/s。冷锋前,零速度线两侧出现速度大值中心,为西南风急流。强度图上的强带状强回波与径向速度图上的零速度线折角对应,表明锋面附近有强降水天气,锋后降水较弱。

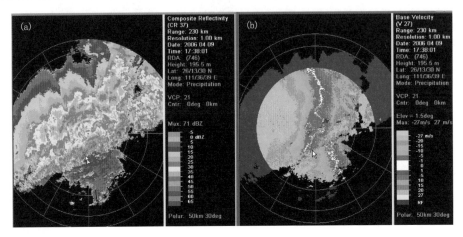

图 3.30　冷锋过境后的强度(a)和对应的径向速度(b)图

　　图 3.31 是一次暖锋过境前的示意图和对应的径向速度图,测站西北侧为偏东北风气流,测站东南侧为偏东南气流,零速度线也呈现出直角。正负速度中心分别指示锋面前后的东北风和东南风气流,从零速度线上可以确定暖锋的东北—西南走向,同时风速随高度都有先增大后减小的特征,出现大的正负速度中心。

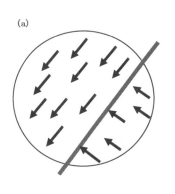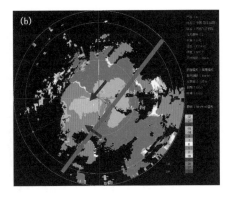

图 3.31　暖锋过境前风场的示意图(a)和径向速度图(b)

六、台风的径向速度图

台风的气旋性环流非常强,经常产生强烈的大风区。图 3.32 是台风靠近雷达站时的径向速度图。可以看出,台风眼附近的晴空区,径向速度图上对应圆形的无回波区。零速度线呈直线,位于台风眼和雷达站的连线上。其他等风速线表现为大致的蝴蝶形对称,大风速中心位于零速度线两侧。台风眼以北为强烈的负速度入流区,以南为正速度区。台风的径向速度图上观测到了速度模糊,还原图 3.32b 中速度模糊值后,实际风速达 50 m/s 以上。

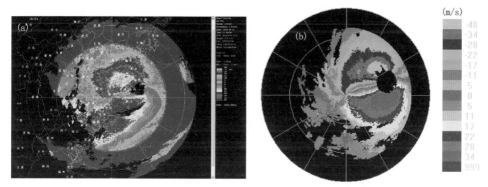

图 3.32　温州雷达 2004 年 8 月 12 日探测"云娜"台风(a)和
2006 年 8 月 6 日探测"桑美"台风(b)的径向速度图

台风经常存在明显的不对称性,表现在速度图上正负速度区关于台风眼的不对称性,对于较弱或发展消亡的台风,台风眼会变得模糊不清。如图 3.33 是 2012 年 10 月 27 日"山神"和 2013 年 11 月 10 日"海燕"台风的速度图像,台风眼的无回波区不是完整的圆形,正负速度中心不对称。台风眼壁区出现明显的速度模糊现象。

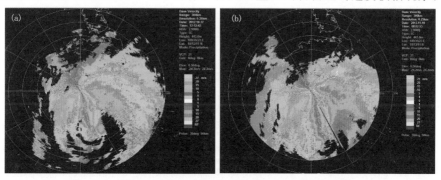

图 3.33　海南三亚雷达站探测 2012 年 10 月 27 日山神(a)和
2013 年 11 月 10 日海燕(b)台风的径向速度图

课后习题:

1. 什么是零径向速度线? 零径向速度线在分析雷达径向速度图时有什么意义? 怎样识别大尺度流场的径向速度图?

2. 当大气中的气流速度为 15 m/s,且风向从地面到高空均为北风时,绘制对应的径向速度图,说明径向速度随方位角的变化曲线。

3. 大尺度的辐合和辐散场的径向速度图像有哪些特征?

4. 在均匀流场下,若零速度线呈"S"型,大气流场的分布有哪些特征? 如果呈反"S"型呢?

5. 在均匀风场下,若风向随高度不变,风速在对流层中层达到最大值 40 m/s,说明此时径向速度图像的特征。

6. 冷锋在经过雷达站之前,位于雷达站时和经过雷达站后的径向速度图分别有哪些特征? 说明通过零速度线确定锋面位置的方法。

7. 说明下图(a)中大气流场风向和风速随高度的变化特征,并绘制图(b)中流场对应的径向速度图。

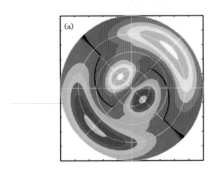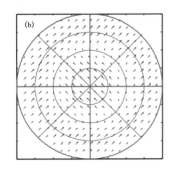

第三节　中小尺度天气系统的径向速度图像识别

新一代天气雷达的径向速度图像有助于识别出各种中小尺度系统,如飑线、中气旋和中尺度的辐合和辐散等。从径向速度图上识别中小尺度系统是雷达应用的基础。通过径向速度图像分析中小尺度系统的类型,可以确定风暴结构,如是否伴随中气旋和中反气旋的发展,是否存在风暴顶辐散,以及近地面的中尺度辐合辐散等。此外,雷达速度图有助于确定一些中小尺度强对流系统边界,如干线、外流边界或阵风锋等,因为在系统边界处经常有速度辐合。

中尺度天气系统的基本特征表现为水平尺度在几百千米左右,小尺度系统是水平尺度在十几千米范围内。中小尺度系统在垂直上可伸展到 7～18 km,达到整个对流层的高度。中尺度系统的平均生命期约 1 小时,雷暴群可发展几小时,较强的飑线可维持 12 小时左右。中尺度天气系统的水平速度可以达到几十米/秒,垂直速度达 10 m/s 以上,散度和涡度达 10^{-4}～10^{-3}/s 的量级,而且各气象要素的梯度非常大,表现为局地流场的强烈不均匀性。

中小尺度天气系统在径向速度场上,表现为中尺度辐合和辐散、中气旋和中反气旋等,在天气上伴有雷暴群、对流风暴,以及 MCC 和 MCS 中的强对流中心,高低空急流中的大风核、龙卷等,也属于中小尺度系统。

中小尺度天气系统发展的范围小,通常情况下雷达可以监测到它的全貌,如图 3.34 中的阴影区,可以看出中小尺度系统相对于雷达探测范围的大小。在分析中可以忽略中小尺度系统的高低差异,假定在中小尺度系统中图像的高度没有变化。为了方便,如果未做说明,本书的中小尺度雷达图像都假定雷达站位于图像的正南方。

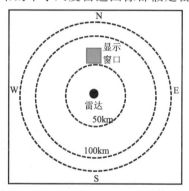

图 3.34　雷达的探测范围和中小尺度系统范围的对比图
(蓝色方块是中小尺度系统的出现区)

一、中尺度辐合和辐散

中尺度辐散的径向速度图如图 3.35,常常出现两个小范围的正负速度中心,正负速度中心的连线沿雷达半径方向,且负速度中心位于靠近雷达站的地方,正速度中心位于远离雷达站的地方,该区域内两个速度中心的大气运动,相对于雷达站呈相反的运动方向。中尺度辐合的径向速度图中正负速度区位置与中尺度辐散相反,正速度区位于靠近雷达站的地方,其他特征与中尺度辐散相同。

实测的中尺度辐合场和辐散场(见图 3.36)中,图中都观测到两个小范围内颜色相反,为明显的两个正负速度中心,正负速度中心不规则,正速度区在靠近雷达站的地方,如图 3.36a、图 3.36b 和图 3.36c 圆圈处的中尺度辐合。图 3.36c 中侧站西南

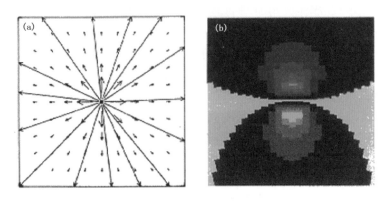

图 3.35　雷达探测中尺度辐散的示意图(a)和径向速度图(b)

侧有中尺度辐合线发展,相反在图 3.36d 有中尺度辐散,正速度中心在远离雷达站的地方,而且出现多个中尺度辐散中心。对于中尺度辐散,当其出现的高度比较低时,如小于 1 km 时,容易有下击暴流发生,这也是关注中尺度辐散的主要原因。

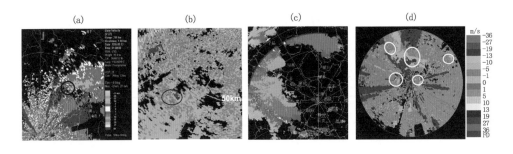

图 3.36　实测速度场的中尺度辐合(a,b,c)和辐散(d)的径向速度图

二、中气旋和中反气旋

中气旋是强对流风暴中与上升和下沉气流相联系的,直径为 2～10 km 的小尺度气旋性涡旋系统。中反气旋与中气旋相类似,只是气流表现为顺时针旋转。中气旋是超级单体风暴的主要特征,是造成龙卷、冰雹、雷雨大风等灾害性天气的主要中小尺度系统。中气旋内,大气运动可以近似看作一个垂直固体圆柱的旋转,切向速度与涡旋半径成正比。但在中气旋核心以外,切向速度与涡旋半径成反比。

在中气旋的径向速度图 3.37 上,中气旋表现为一对位置靠近的正负速度中心,两个速度大值中心距雷达站远近大致相同,并且关于零速度线对称,能够逆时针旋转。沿雷达半径方向,最大负速度中心位于半径的左侧,正中心位于右侧,表现为气旋性旋转。相反,若最大负速度中心位于零速度线右侧,则为中反气旋。

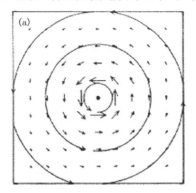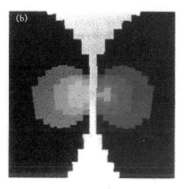

图 3.37　中气旋的流场示意(a)和径向速度模拟(b)图

严格意义上来说,中气旋在径向速度场上除表现为一对位置靠近的正负速度对以外,还要求最大正负速度中心之间距离小于 10 km,最大正速度和负速度绝对值之和的二分之一≥10 m/s,垂直伸展高度大于风暴垂直尺度的三分之一,而且满足上面指标的涡旋持续时间至少为两个体扫,可以严格判断有中气旋发展。

图 3.38 是超级单体产生降雹天气时的雷达径向速度图,对应强度图上均出现大于 50 dBZ 的强回波区,径向速度图上圆圈处有两个正负速度中心关于半径对称,速度中心的距离大约为几十千米。正负速度中心平均值大于 10 m/s,可以判定强回波区有中气旋发展,产生冰雹天气的影响系统为超级单体。

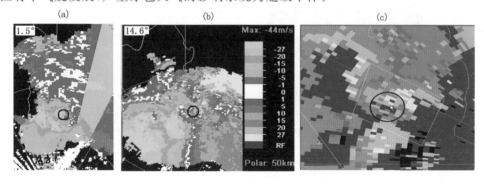

图 3.38　超级单体 1.5°(a)和 14.6°(b)仰角的径向速度图和放大的中气旋径向速度图(c)

三、辐散或辐合型的中气旋和反气旋

在探测中经常发现一些中气旋和中反气旋,同时具有辐合或者辐散特征,称为混合型中气旋。径向速度图上如果中气旋或中反气旋的正负速度中心连线与半径有一定的夹角,说明中气旋或反气旋伴随辐合或辐散特性。如图 3.39 所示的辐合型中气旋,图中中气旋的速度图像发生了旋转,处于从中气旋转变为中尺度辐合的速度图像的过渡中。负速度区在距离圈外侧,正速度区在内,且能逆时针旋转,表明为辐合型的中气旋。

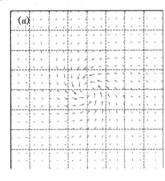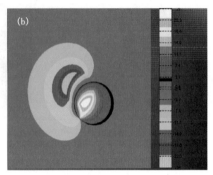

图 3.39　辐合型中气旋的径向速度模拟图

图 3.40 是辐散型中气旋的径向速度图,是从中尺度辐散转为中气旋的过渡中。零速度线和半径成一夹角,且正速度区朝外,负速度区朝内,并且能够逆时针旋转,表现出辐散和中气旋的共同特征,表明该处的气流为辐散型中气旋。

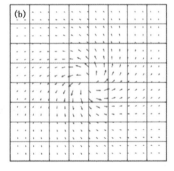

图 3.40　辐散型中气旋的径向速度模拟图

实测的混合型中气旋如图 3.41 所示,图 3.41a 和图 3.41b 是辐合型中气旋的强度和速度图。径向速度图上中气旋所在处,强度图上有明显的强回波发展。图 3.41c 中圆圈是放大的辐合型中反气旋,图 3.41d 中的正负速度中心位置表明该处存在辐合型中气旋。

四、环境风场作用下的中气旋和龙卷涡旋

当中气旋处在一定速度的环境风场中时,径向速度图就会发生变化。若环境风为

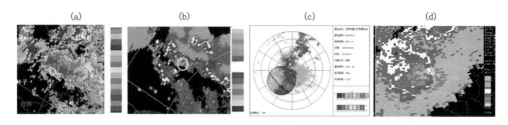

图 3.41　实测的辐合型中气旋的强度(a)和同时刻的径向速度(b)图，
辐合型中反气旋(c)和辐合型中气旋(d)的径向速度图
（图中用圆圈表示了中气旋的位置）

南风，此时的径向速度图(见图 3.42)，正负中心仍呈方位对称，且中气旋左半圆周的风向与环境风相反，径向速度值减小。右半圆周中，中气旋风向与环境风相同，径向速度值偏大，负中心的最大值明显小于正中心的最大值，正负速度中心之间的零速度线向负速度区弯曲。如果环境风大于中气旋最大旋转速度，则正负速度中心关于半径对称的特征不变，负速度中心被较小的正速度中心取代，右侧为更大的正速度中心。

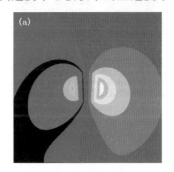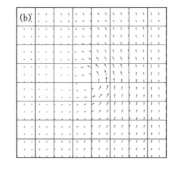

图 3.42　受南风气流影响的中气旋的径向速度图

若中反气旋处于环境风为南风的气流中，此时中反气旋的径向速度图如图 3.43 所示，正负速度中心关于半径对称，但受南风气流影响，左侧的正速度中心值偏大，右侧的负速度中心值偏小，呈正负中心不对称的状态。

龙卷涡旋经常伴随着中气旋的发生，在中气旋中识别龙卷涡旋非常重要。图 3.44 为在中尺度气旋核区中心的东北方向有一个强的龙卷涡旋发展时的径向速度图。首先判断径向速度图上有中气旋生成，在中气旋的范围内，正速度区远离雷达的一侧，出现了小范围的负速度区，使涡旋区的径向速度梯度很大。该负速度区指示了有龙卷涡旋的发展，并指示了龙卷涡旋的位置和强度。

2016 年 6 月 23 日下午江苏盐城发生了龙卷风，从雷达观测的图 3.45 中发现，强度图上钩状回波清晰可见，对应的径向速度图上，钩状回波区出现了正负速度中

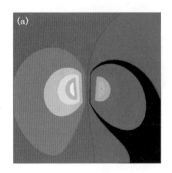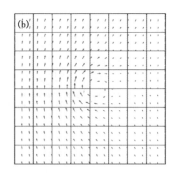

图 3.43　受南风气流影响的中反气旋的径向速度图

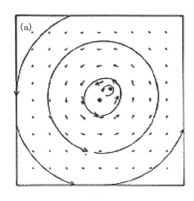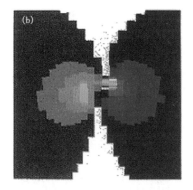

图 3.44　中气旋中的龙卷涡旋的径向速度图

心,判断有中气旋出现,在中气旋负速度中心发现有小范围的正速度区,且最大速度值在 15 m/s 以上,是龙卷涡旋发生的位置。

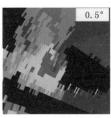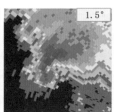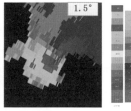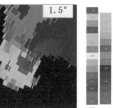

图 3.45　江苏盐城雷达探测的中气旋中龙卷涡旋的强度和速度图
(0.5°仰角的强度(a)和同时刻径向速度(b)以及 1.5°仰角的强度(c)和同时刻的径向速度(d))

五、逆风区

逆风区是指径向速度图像中大范围正速度区内出现负速度区,或者负速度区出现小范围正速度区的现象。即同一方向的速度区(不跨越雷达站)被另一方向的速度区所包围,并且有明显的零速度线圆环或者半圆环将正负速度区隔开,被包围的速度区就称为逆风区。逆风区是中尺度辐合、辐散,以及中气旋和中反气旋的共轭系统在径向速度场上的表现形式。逆风区是局部中尺度气流不均匀,导致垂直运动发生的主要原因,可作为对流性暴雨天气的一个主要判据,同时逆风区也是判断飑线位置的一个重要标志。

海口雷达在探测飑线天气时,在径向速度图 3.46 中出现明显的逆风区,即图 3.46a 中红色正速度区包围着绿色的负速度区,同时在红色区域还有速度模糊出现,见图中黄色区域中包围的蓝色区。图 3.46b 中绿色区域中的红色区是逆风区,用椭圆形标注,同时图形左下方 275°方位角上的圆圈内有辐合型中气旋形成。以上区域均出现了暴雨和大风天气。

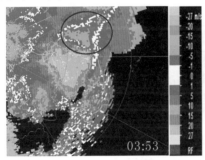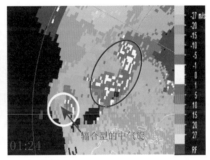

图 3.46　海南海口雷达探测径向速度场上的逆风区图
(逆风区用黑色圆卷标注,白色圆圈为辐合型中气旋)

比较径向速度场上的逆风区和速度模糊,有相似之处:两者都是在正速度区存在负速度区,或者负速度区包围着正速度区。但是两者也有明显的区别,表现为速度模糊的图像中最大正负速度区相接,而逆风区只是正速度区中出现负速度区,没有最大速度值出现。

课后习题:

1. 什么是中气旋和中反气旋,两者在径向速度图像上各有哪些特征?

2. 中尺度辐合和辐散的径向速度图像各有哪些特征?

3. 怎样在径向速度图上识别辐合型和辐散型的中气旋?

4. 什么是速度模糊,什么是逆风区? 在径向速度图上速度模糊和逆风区之间有什么区别?

第四章　新一代天气雷达的强度图像识别方法

第一节　非降水回波的雷达识别

　　反射率因子 R 是新一代天气雷达的主要基数据,通常称为强度,主要用来识别降水云的类型、范围和降水强度。利用反射率因子产品正确识别雷达回波中降水的性质和类型,不仅是分析和运用天气雷达回波资料的基础,也是雷达探测业务的重点。

　　天气雷达接收的回波包括两类,一类是降水粒子直接形成,称为降水回波。还有一些回波是不产生降水的云、雾、晴空大气、地物等目标物对电磁波的散射所形成,称为非降水回波。非降水回波会影响到雷达数据产品的准确性,影响对回波的分析和识别。非降水回波通常与气象条件没有关系,如地物回波、干扰回波等非气象类回波。但有一些非降水回波是在特殊气象条件下形成的,如有助于识别强对流天气的窄带回波、三体散射和旁瓣回波等气象类回波。

　　如图 4.1 所示,非降水回波包括地物回波、海浪回波、同波长干扰回波等非气象类干扰回波,以及晴空回波、超折射回波、三体散射和旁瓣回波等气象类回波。后者是在大气特殊的折射条件下,或者由于雷达本身性能的原因而形成的虚假回波,但这些回波与当时特殊的气象条件有一定的关系。

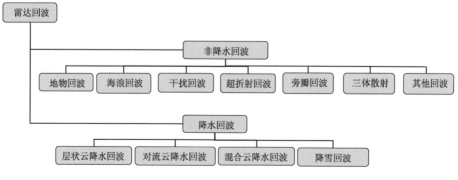

图 4.1　雷达强度回波的分类图

一、地物回波

地物回波是指地表面或者地表面上各种建筑物等对电磁波的散射而产生的回波。产生地物回波的地表面包括：山脉，丘陵，岛屿，海岸线等。相同仰角和正常折射下，地物回波的范围不会变化，熟记地形会很容易判断出地物回波。地物回波的高度低，通常在靠近雷达站的地方才可以观测到，当抬高仰角时地物回波通常会消失。地物回波识别的前提是地物回波是静止的，回波范围内的径向速度值为零。

在 PPI 上，地物回波与地形位置一致，回波形态呈点状分布，边缘清晰。地物回波的反射率因子值很低，通常在 10～20 dBZ 以下，远小于降水回波的强度。在剖面图上，地物回波的高度通常在几千米以下，比降水云体的高度低很多，呈矮小的柱状，回波高度可作为识别地物回波的依据。图 4.2 为西安雷达站探测的地物回波，呈点状或者蜂窝状的绿色和蓝色区，位于在测站以南 50 km 的秦岭山脉附近，呈东西带状。

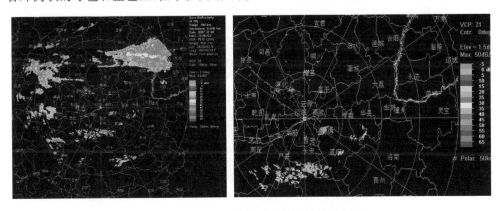

图 4.2　西安雷达站探测地物回波的强度图

大气折射类型不同，会影响到地物回波的多少和强弱。当大气出现负折射时，电磁波的传播路径会向上弯曲，相同仰角下地物回波数量明显减少。相反，当大气出现超折射时，较远距离处的地物回波可经过多次散射后返回雷达，导致地物回波增多。如图 4.3 是不同大气折射条件下西安雷达探测秦岭山脉地物回波的比较，其中图 4.3a 回波强度达 5～20 dBZ，山脉形成的回波连续，呈片状，图 4.3b 除探测到图 4.3a 的回波外，还探测到山脉以南的回波，用圆圈做了标注，回波范围扩大，连续性更强。

图 4.4a 中在天津雷达站的东北和西南方有点状的地物回波出现，强度值为 15 dBZ 左右。对应的径向速度图 4.4b 上地物回波处的径向速度值接近零，可以用径向速度是否为零将地物回波和降水回波区分开。

地物回波对雷达探测有重要的影响。首先表现为遮挡作用，当图像上出现地物回波时，将无法探测到地物远离雷达站一侧的目标物，形成探测盲区。其次地物回波

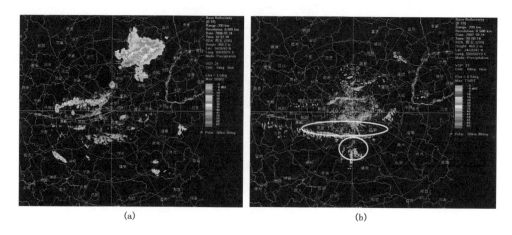

图 4.3　西安雷达站正常折射(a)和超折射条件下(b)探测的地物回波对比图

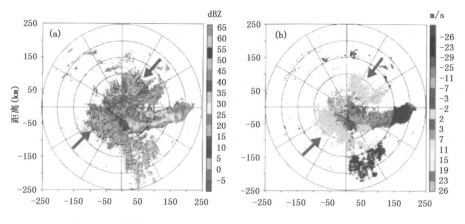

图 4.4　天津雷达 2005 年 6 月 21 日 12:13 在 0.4°仰角下回波图
(a:回波强度,b:径向速度,红色箭头指向为超折射地物回波,距离圈:50 km,谭学 等,2013)

影响到对降水回波的分析和判别,尤其是在低仰角下,地物回波与降水回波连在一起时,不易确定降水回波的强度和范围。当降水回波从远处移向测站时,越过地物后,回波范围将增大,强度将增强,导致虚假的回波增强现象。因此,为了减少地物回波对雷达探测的影响,通常将雷达架设在较高地形上。

二、海浪回波

海浪回波是沿海地区海水和浪花对电磁波散射而形成的回波,是沿海雷达探测到的特殊回波。新一代天气雷达的最低仰角是 0.5°,通常只有在这个低仰角上,而且伴随着大气超折射时,才能探测到海浪回波。海浪回波虽然不是降水粒子直接形成的,但海浪回波可以反映浪花的高低,以及海上风力的大小,与气象因子有一定的关系。一般随着海上风力的增大,海浪增高,海浪回波范围也相应增大,回波的强度增强,因此,可以将海浪回波作为识别海风强弱的标志。

在 PPI 上,海浪回波如图 4.5 所示,呈分散的针状,或呈扇形向沿海地区辐散,回波一般不均匀,通常不会有明显的移动。海浪回波的强度比较弱,通常在 30 dBZ 以下,但有时回波强度可达 40~50 dBZ。海浪回波的径向速度值偏小,大致为 5~10 m/s。在剖面图上海浪回波的高度比较低。

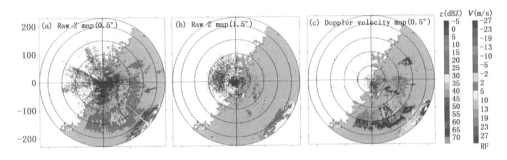

图 4.5　天津雷达 2005 年 6 月 21 日 12:13 探测仰角平面图
(a:0.5°仰角回波强度,b:1.5°仰角回波强度,c 为 0.5°仰角径向速度,红色箭头指向为
超折射海浪回波,距离圈:50 km,谭学 等,2013)

图 4.6 是湛江雷达在 0.5°仰角上探测到的海浪回波,可以看到海浪回波的辐散状连成一片,呈扇形出现在沿海地区,强度在 20 dBZ 左右。该图在 0.5°仰角上探测到了海浪回波,因此,海浪回波是在近海地区的大气超折射条件下形成的。

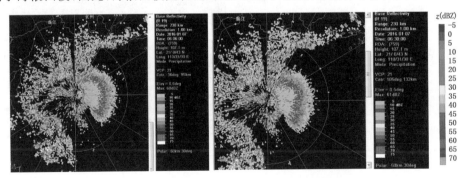

图 4.6　湛江雷达探测海浪回波的强度图

三、超折射回波

当云体非常稀薄,甚至在没有云雨粒子的晴空大气中,大气层结呈超折射状态

时,雷达探测到的回波称为超折射回波。当对流层逆温显著,即温度随高度上升,同时水汽压随高度迅速减少,大气折射指数 n 随高度迅速减小,大气出现"暖干盖"的层结,此时通常大气呈超折射状态。

超折射回波的强度很弱,一般只有几个 dBZ,在 PPI 上呈细胞状或圆点状的形态,或呈辐辏状排列的短线,当超折射回波较强时,这些短线弥合成片状回波,如海浪回波(见图 4.5)。在剖面图上超折射回波与地物回波相似,呈短而窄的柱状,两头尖,高度较低,只是数量更多些,排列更紧密。超折射回波按照形成原因,可以分为以下几类:

①辐射超折射:晴朗的夜晚,地面强烈辐射降温形成逆温层,同时潮湿的水汽不能向上输送,导致水汽压随高度急剧减少的大气层结,此时易形成辐射超折射回波。在雷达图像上出现平常探测不到的地物回波,如图 4.3b 地物远离雷达站的地方,也观测到了回波。

②平流超折射:当暖而干的空气移到冷水面上时,低层空气因水汽蒸发而冷却,导致逆温层,气温随高度增加,同时近地层空气湿度大,形成平流超折射。如大陆上干燥而炎热的空气吹到海面上时,会在沿海地区形成平流超折射回波。

③强雷暴超折射:在强雷暴天气发生时,对流云前方倾斜上升的气流与对流后部的下沉气流之间形成阵风锋,强迫暖空气抬升,形成逆温层,产生超折射。如图 4.7a 是强雷暴发生的示意图。图 4.7b 是商丘雷达站探测的晴空窄带回波,是强雷暴大气超折射的结果。强雷暴形成的超折射回波对某些强对流天气,尤其是近地面的大风、雷暴和飑线等的预警有着至关重要的作用。

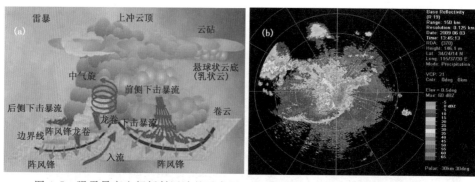

图 4.7　强雷暴产生超折射回波的示意图(a)和商丘站观测到的晴空窄带回波(b)图

图 4.8 中合肥站在对流性降水发生前,其北部观测到了晴空回波,回波强度弱,只有几个 dBZ,呈明显的窄带状是大气超折射的结果。在窄带回波发展 1 个小时之后,该地区出现了对流性降水。

有时近地面出现大风天气时,也会观测到有明显的晴空窄带回波生成。图 4.9a 中西安雷达站南侧黄色的两条细窄带回波,以及图 4.9b 测站西侧的蓝色细带回波都是地面大风天气时的超折射回波。图 4.9c 和图 4.9d 分别是西安雷达站探测到与强雷暴联系的阵风锋产生超折射回波的强度和速度图像。

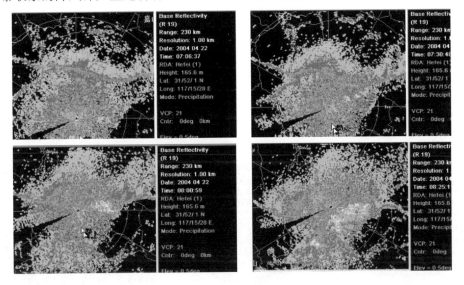

图 4.8 合肥雷达站观测到的超折射回波的强度图

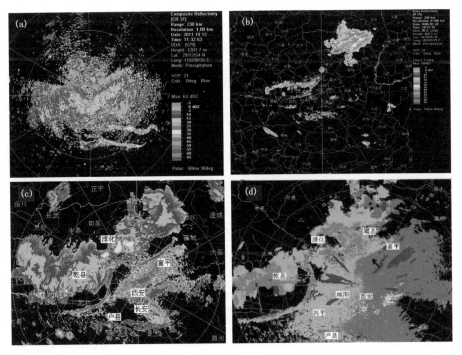

图 4.9 西安雷达站出现大风天气时探测的窄带回波强度(a,b,c)和与 c 同时的径向速度(d)图

四、同波长干扰回波

在天气雷达站近距离处有波长相同的雷达同时工作时,电磁波相互之间会产生干扰,在雷达回波上出现同波长干扰回波。同波长干扰回波在平面图上通常呈单条或多条线状(见图4.10),从中心以相等的间隔螺旋状向四周辐射出来。在剖面图上同波长干扰回波表现为弧形辐散状的回波形态。同波长干扰回波的线状与当时降水回波的块状、片状、絮状明显不同,因此,同波长干扰回波对降水回波的分析影响不大,易于识别。

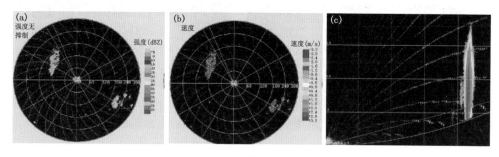

图4.10　2007年7月24日合肥雷达观测干扰回波的强度(a)、速度(b)平面图和强度剖面(c)图

五、旁瓣回波

雷达探测中还会出现一些特殊的虚假回波,这些回波不是降水粒子直接形成的,是雷达探测特殊天气时由于自身原因形成的,但可以说明降水云的某些特征,如:旁瓣回波和三体散射。

雷达探测时发射电磁波束沿主波瓣向外传输电磁能,主波瓣的半功率点之间的典型宽度为1°左右。但有很少量的电磁波能量会偏离主波瓣轴线,沿旁瓣向外传播。一般情况下,旁瓣发射的电磁波能量很弱,形成的回波更弱,以致不能被雷达分辨出来。但当旁瓣电磁波遇上散射能力极强的目标物,如冰雹和暴雨滴形成的柱状积雨云时,也能形成回波。雷达将旁瓣产生的回波定位到主波瓣轴线的位置上,如图4.11中椭圆形所示,这时形成的虚假回波为旁瓣回波,正好说明了旁波瓣上的强降水区域。

旁瓣回波在平面图上如图4.12所示,回波强度很弱,出现在孤立对流云体的两侧,通常在10 dBZ左右。有时旁瓣回波与周围的降水回波连成一片,不能显示出来。在径向速度图上,旁瓣回波的位置与强度图像相似,而且径向速度值非常小。图4.12b中雷达探测的旁瓣回波出现在强回波核的南部,其北部的旁瓣回波与降水回

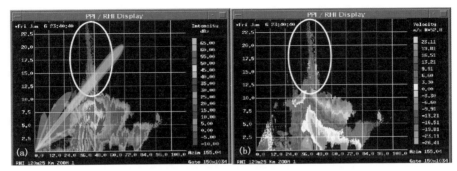

图 4.11　旁瓣回波的强度(a)和速度(b)剖面示意图

(图中椭圆框内是旁瓣回波)

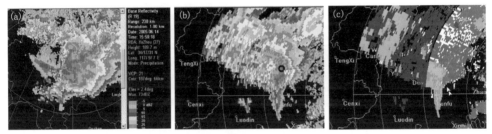

图 4.12　旁瓣回波的雷达平面图显示

(a:徐州雷达的强度图,b,c:广州雷达的强度和速度图)

波弥合在一起,没有显示出来。图 4.13b 是图 4.13a 中肇庆雷达探测旁瓣回波的垂直剖面图,在剖面图上旁瓣的虚假回波呈细长的尖状,出现在对流单体的顶部,并延伸到 16 km 以上。在确定降水云体的高度时,需要剔除旁瓣回波产生的虚假高度,确定降水云体的实际高度为 12 km 左右。

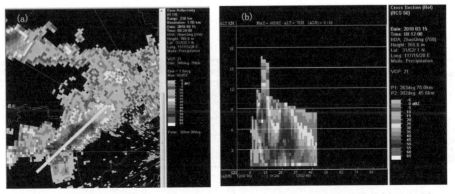

图 4.13　肇庆雷达观测的旁瓣回波强度平面(a)和沿图 a 中白色基线的剖面(b)图

六、三体散射

　　三体散射现象是指由于降水云体中大冰雹粒子的强烈散射作用,将部分电磁波能量散射到地面,再重新被散射到大冰雹粒子上,再由大粒子将小部分电磁波能量散射回雷达的过程。雷达根据电磁波往返所用的时间进行直线定位,在强回波中心的半径延长线上确定出长针型虚假回波区,称为三体散射。三体散射形成的原理如图4.14所示。

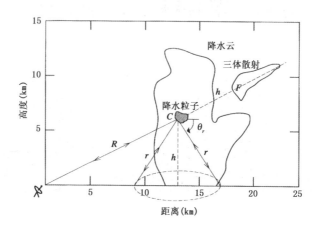

图4.14　雷达探测强对流云形成三体散射的示意图

　　三体散射或称耀斑散射和长针散射。通常只有在冰雹、强暴雨等降水中心非常强时,才能够探测到,三体散射的出现可作为冰雹和强天气的预警标志。雷达回波中三体散射的出现是大冰雹发生的充分条件。

　　在平面和剖面图上,三体散射都出现在强对流核心的半径延长线上。三体散射的强度非常弱,通常只有10 dBZ左右,如图4.15中四个不同的仰角上,箭头所指的弱回波区都是三体散射。

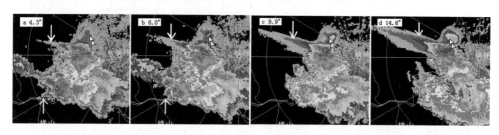

图4.15　陕西榆林雷达站探测超级单体时4个不同仰角的三体散射强度平面图

(箭头指示了三体散射的位置)

课后习题：

1. 什么是非降水类回波,主要包括哪些类型的回波？说明非降水回波分类和形成原因。

2. 什么是地物回波,地物回波有哪些特征？地物回波对雷达探测有哪些重要影响？

3. 什么是超折射回波,超折射回波在平面图和剖面图上怎样识别？超折射回波形成的大气层结条件有哪些？说明超折射回波主要在哪些气象条件下容易形成？

4. 什么是旁瓣回波,说明旁瓣回波的形成原因,以及旁瓣回波对识别强对流天气有什么意义？

5. 什么是三体散射,它是怎样形成的？说明三体散射在雷达探测中的应用？

第二节　雷达强度图像识别降水云

新一代天气雷达根据各种水汽凝结物对电磁波后向散射的能力,获得反射率因子 R ,并根据反射率因子的空间分布来推断大气中降水云的结构特征,识别降水云的发展强度和高度。同时反射率因子可以用来确定和预测降水和降雪的范围、强弱变化和移动方向。

大气中的云可根据水平范围、形态等基本特征分为积云、层云和卷云三大类,具体包含图 4.16 中所示的 10 种云。其中产生降水的主要是雨层云和积雨云。雷达探

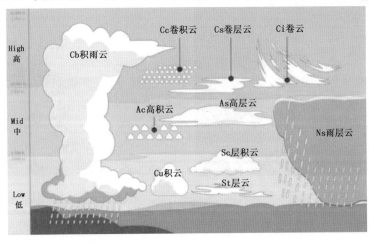

图 4.16　大气中云的基本分类和形态特征图

测中根据降水云的结构特征,可将降水划分为对流云降水、层状云降水和混合性降水。对流云降水通常是局地性的强对流天气直接影响因子。层状云降水是层状云的产生大范围的弱降水。大尺度降水云中完全由层状云组成,或者纯粹由对流云组成的现象极少的,降水系统常为积层混合云。积层混合云降水中,对流云区是强降水发生的主要区域,而层状云对降水的大小和持续性有直接的作用(张建军 等,2010;黄美元 等,1999)。天气雷达识别降水云时根据回波强度、高度和回波形态等特征,将大气中的层状云、对流云和积层混合云三类降水云分开。

一、层状云降水回波

层状云是在大气层结稳定的条件下形成的,通常由于大规模的空气缓慢爬升而成云致雨的,如锋面上升运动。层状云呈均匀幕状,地面观测上看起来模模糊糊的一片,犹如浓雾一般。

层状云降水的特点是降水范围很大,持续时间较长,降水变化缓慢,因此层状云降水又称稳定性降水或连续性降水。对应的雷达回波上层状云降水一般表现为水平尺度大,持续时间长,强度均匀,时间变化缓慢的特征。在反射率因子的平面图上,层状云降水回波呈均匀连续的大面积薄膜状、片状、丝缕状结构,强度弱且大小均匀,没有明显的块状结构,一般在 20 dBZ 左右。但在大范围较弱的降水中,有时含有强度相对较强的雨区,雨区的强度值可达到 25～30 dBZ。回波边缘分散不规则,如图4.17 所示。层状云降水回波的垂直累积液态水含量值比较小,在 20 kg/m² 以下,夏半年比冬半年的略高一些。

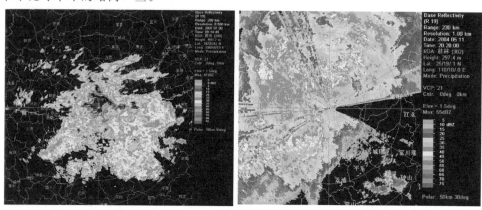

图 4.17　实测层状云降水回波强度的平面图

在剖面图上,层状云降水回波发展较低,回波顶约 5～6 km,回波顶高随地区和季节而有所差别,夏半年层状云降水回波最大顶高和强中心的高度,都比冬半年要高一些。层状云的回波顶部和底部相对比较平坦,没有回波核心出现,也没有明显的对流单体突起。在剖面图上,经常可以看到层状云降水回波内部有一条与地面大致平行的强回波带,它位于0℃层下方附近,因此称为零度层亮带。如图4.18所示。

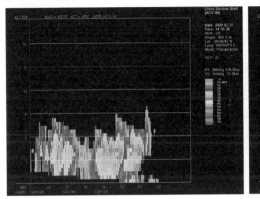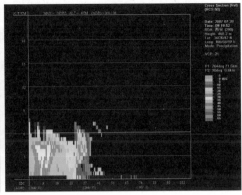

图 4.18　实测层状云降水回波强度的剖面图

在径向速度图上,层状云回波范围也比较大,速度等值线分布比较稀疏,切向梯度小。在零速度线两侧分布着范围较大,数值较小的正负速度区,有时伴随急流的出现,有时可以观测到大尺度风场上的辐合辐散。从图 4.19a 鄂尔多斯雷达探测层状云的强度图上,反射率因子值均在 20~30 dBZ。对应的速度图 4.19b 上,零速度线低层呈反 S 型,高层呈 S 型,表明对流层高层的暖平流与低层的冷平流相互发展,导致大尺度稳定性降水的产生。

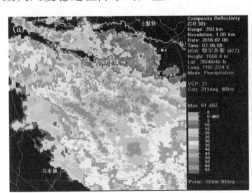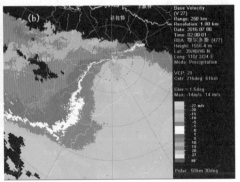

图 4.19　鄂尔多斯雷达探测层状云降水回波的强度(a)和径向速度(b)图

强度图上经常出现零度层亮带是层状云降水的雷达回波的一个明显特征。如图4.20所示,零度层亮带在平面图上表现为围绕雷达站的高反射率因子区形成的亮环,或者半环,在低仰角上圆环较大,如图 4.20b,在高仰角上,圆环比较小,如

图 4.20a。

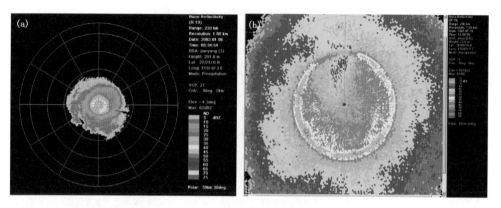

图 4.20　建阳站 4.3°(a)和常德站 1.5°(b)仰角强度的平面图零度层亮带

在剖面图上零度层亮带表现为一条与地面大致平行的高反射率因子带,出现在零度层以下 100～400 m 高度处,如图 4.21 中的红色带状回波区所示。通常情况下,零度层亮带的回波强度比其以上的回波值强约 12～15 dBZ,比其以下的值高约 6～10 dBZ,是一个虚假的强降水区。

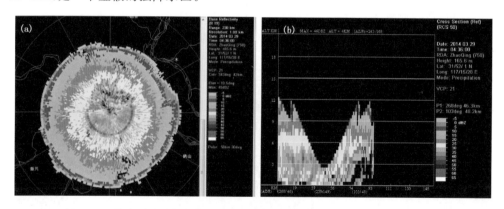

图 4.21　肇庆雷达站探测零度层亮带的强度平面(a)和同时刻的剖面(b)图

零度层亮带是雷达在 0℃层高度附近探测的圆环状较强回波区,它的形成机制包括以下几点:

(1)融化作用

融化作用是零度层亮带形成的主要原因。在 0℃层以上降水粒子以冰晶为主,当冰晶缓慢下降通过 0℃层时,冰晶表面融化形成一定厚度的水膜。在 0℃层以下粒子完全转化成水滴。由于带有水膜的粒子散射能力比同尺寸冰晶和水滴的散射能力都强,因此,在 0℃层附近形成高反射率因子的回波带。

（2）碰并聚合效应

降水粒子在下降融化过程中,有强烈的碰并聚合作用。在大多数情况,50～100个粒子,甚至更多的降水粒子发生碰并聚合,使粒子的尺度增加,散射电磁波的能力也会大大增强,导致 0℃层附近的回波强度值升高。

（3）速度效应

冰晶或雪花在下降经过 0℃层后,完全融化成水滴。由于表面张力的作用,迅速转变成球形,降落速度也会增加,使得单位体积内降水粒子的数目减少,粒子群的散射能力减小,导致零度层亮带以下的回波比零度层亮带以上的回波减弱。

（4）粒子形状的作用

冰晶粒子在下降融化中常常不是球形。非球形粒子的散射能力比球形粒子大,致使散射后返回雷达的电磁波能量增加。

基于以上几点原因,速度效应、融化效应和碰并聚合效应是零度层亮带形成的主要原因,三种作用对零度层亮带的贡献作用如图 4.22 所示。三种作用的合成结果,粒子群的效应使亮带中心的反射率比其上部干的冰晶、雪花大 20 倍,比其下面雨滴的反射率因子也要大好几倍。

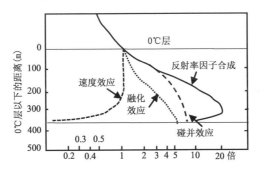

图 4.22　三种效应对零度层亮带的贡献作用图
（Y 轴是距离零度层以下的高度）

零度层亮带的出现可以说明层状云气流稳定无明显对流活动,使冰水转化区稳定地存在。同时,零度层亮带也是对流运动减弱,从对流性降水逐步转化为层状云降水的标志。如在雷暴消散阶段经常探测到零度层亮带,此时大气中强烈的对流和湍流运动减弱,而降水云稳定发展,导致零度层亮带的形成。零度层亮带还可以用来估计 0℃层所在的高度,将雷达探测的零度层亮带和探空资料得到的 0℃层高度进行比较,可以判断雷达仰角是否正确,以及所测得的回波高度是否准确。

零度层亮带对雷达探测会带来不利的影响,因为零度层亮带是虚假的强回波带,虚假的高反射率因子值使得雷达探测的降水量估计值偏高。在速度图上看不到零度层亮带。

二、对流云降水回波

对流云是由热力对流和动力抬升作用而形成的浓厚的大云块,对流云在垂直方向上发展旺盛,云体轮廓比较分明。云顶平衍开来,常呈砧状或鬃状。对流云通常出现在快速移动的锋面上、冷锋前暖区、气团内部、副高边缘,以及台风外围等地方。一般强度的对流云与短时阵性降水相对应,强烈的对流云与雷暴、冰雹和龙卷等强对流天气相联系。对流云生消变化很快,持续时间变化大,云体孤立分散,通常由一个或多个单体中心构成。一个对流单体的生命期约十几分钟到几十分钟,发展强烈的对流云可维持 1~2 小时,甚至更长一些。

在回波强度的平面图上,对流云降水回波表现为几千米到几十千米不规则,分散孤立的块状,有时随不同天气过程排列成带状、条状、离散状、涡旋状等(见图 4.23)。图 4.23a 中为多单体对流云,4.23d 为超级单体对流云,4.23b 和 4.23c 为排列松散的多单体对流云。对流云回波发展尺度小,结构密实,边缘清晰。回波强度较强,通常在 35 dBZ 以上,而且强中心到外围的强度梯度较大。一般情况下,积云阶段的回波强度在 30 dBZ 以上,成熟阶段,回波强度值会超过 45 dBZ。消散阶段、回波强度再次下降。回波的面积随对流云的发展也由小到大,到降水减弱后,回波面积变小。对流云降水回波的垂直液态水含量在各个阶段大不相同,积云阶段和成熟阶段垂直累积液态水含量 VIL 值在 35 kg/m² 以上,最大可达 45 kg/m²,消散阶段一般在 30 kg/m² 以下。

在剖面图 4.24 上,对流云单体呈柱状结构。强对流云体顶部有云砧呈花菜状向下风方伸展(见图 4.24a),强回波中心呈悬垂中空,云体随对流发展变厚。一般情况下,在对流云的积云阶段,回波底部不及地,回波顶高在 8~10 km,回波强中心高度在 3.5~5 km。在成熟阶段,回波底部接地,或离地面的高度很小,回波最大顶高在 10~15 km,最高可达 20 km,回波强中心高度在 4~6 km。对流云消散阶段,回波底部随着雨滴的下落慢慢抬高,而回波最大顶高则要降低,一般在 5~7 km,有时与积云阶段的高度相当,但强度明显减弱,回波顶高在三个阶段的变化过程中,回波体积也由矮小变到庞大,再由庞大变为矮小。如图 4.24b 和 4.24c 所示,对流云的回波顶可达 13 km 左右,都有强回波中心发展。

强对流云降水回波经常表现出的回波形态如下:

(1)对流云的中上部或云顶有云砧向下风方伸展,或逆着对流层风向伸展。

(2)云体下层降水区前沿,有界面陡立的强回波区发展,构成柱状的"回波墙"。

(3)在云体前方有上升气流倾斜地深入云体,由于强烈的上升运动,云体中含有刚凝结成的云滴或小雨滴,形成无回波或弱回波区,将其中的有界弱回波区称为"穹窿"。

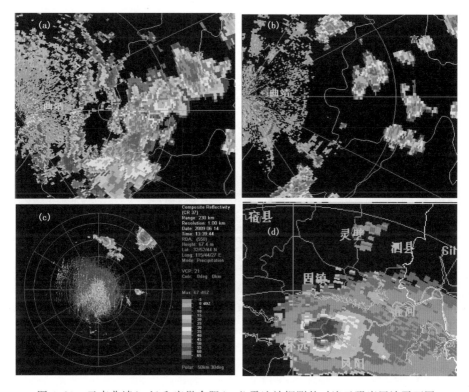

图 4.23　云南曲靖(a,b)和安徽合肥(c,d)雷达站探测的对流云强度回波平面图

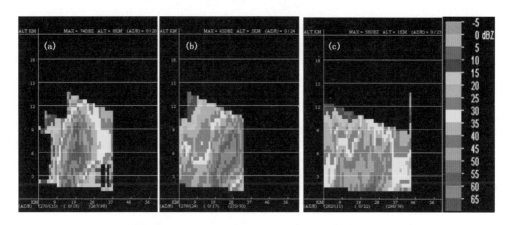

图 4.24　发展成熟(a,b)和消亡阶段(c)的对流云降水强度回波剖面图

(4)云体内部的强烈上升气流,使云顶出现部分隆起,称为上冲云顶。

(5)超强雷暴云,尤其是冰雹云具有三体散射,旁瓣回波,以及钩状回波等特殊形态。

在径向速度图上,由于对流云降水尺度较小,分布零散,其径向速度回波中心也较为零散,速度等值线分布密集,切向梯度大。对流云的速度图上经常伴随中尺度辐合或辐散,以及中气旋或反气旋发展,同时常常观测到风暴顶辐散(见图4.25)。在剖面图上回波呈柱状、砧状、纺锤状等,并表现出不同高度上的风切变。

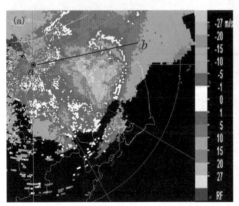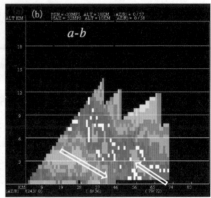

图 4.25　海口雷达探测对流云降水的径向速度平面(a)和沿 $a-b$ 线的剖面(b)图

三、积层混合云降水回波的特征

产生区域性强降水的云系经常是积层混合云。积层混合云降水具有降水范围大,降水持续时间长,累积水量大的特征,经常可造成大面积强降水。混合云降水回波往往与高空冷涡、高空槽、切变线和地面静止锋等天气尺度系统相联系,如东北冷涡云系、西南涡云系,其他低涡和锋面云系中常常有积层混合云降水生成,梅雨锋云系也表现为混合云降水。混合云降水发展时,由于冷暖空气交汇,雨带准静止维持,经常伴随区域性暴雨天气的出现。

在雷达反射率因子的平面图上,混合云降水回波如图4.26所示,表现为大范围边缘破碎而模糊的片状,回波中混有一团团较强的块状回波,即层状云中镶嵌着一个个密实团块的对流云,有时强回波团块整齐地排列形成一条带状。混合云降水回波象一团团棉絮,因此经常称为絮状回波,又由于降水强度不同,表现为片絮状、带絮状和块絮状。混合云降水回波的强回波中心较强块状一般在 35 dBZ,最大可达 45~50 dBZ。在混合云降水回波中层状云特征较明显时,有时会有零度层亮带出现。当降水加强时,回波的结构由片絮状向块絮状转化,零度层亮带变得不清楚。混合云降水的絮状回波在连阴雨天气中常见,往往维持时间长,范围广,雨量大,有时可造成大到暴雨。

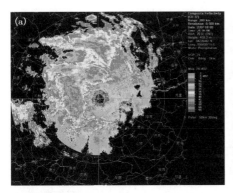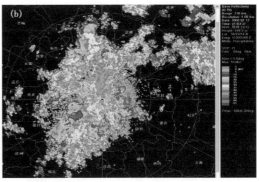

图 4.26　西安(a)和郑州(b)雷达探测的混合云降水回波强度的平面图

　　在强度的剖面图上,混合云降水回波犹如破土而出的春笋,表现为在较平坦的回波顶,有一个个对流单体突起,说明在均匀的层状云高度上有柱状回波起伏地镶嵌在其中。高峰部分可达到对流云高度,较低的平坦部分,通常只有层状云的高度。在混合云降水中对流云衰亡阶段,柱状回波与层状云回波合在一起,回波高度下降。不管是夏半年还是冬半年,混合云降水回波的顶高一般在 10 km 左右,有时可达十几千米以上。回波强中心高度不高,一般在 3～5 km,最大可超过 5 km。如图 4.27 中,减弱的混合云的高度在 6 km 左右,部分强回波高度较低,在 4 km 左右。

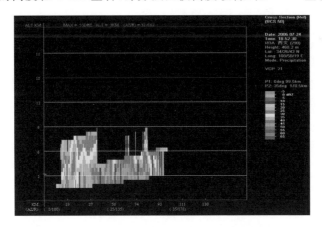

图 4.27　混合云降水回波强度的剖面图

　　在径向速度场的平面图上,混合云降水回波因不同的天气形势,可呈现出 S 型,反 S 型,同时存在远离雷达方向的正速度区和靠近雷达的负速度区,以一种性质的径向速度面积占主体,以及低层 S 型和高层反 S 型(见图 4.28)。有时零速度线出现折角,表明对流层有锋面或切变线发展,有时呈现大尺度风场的辐合辐散等特征。在混合云降水中对流发展成熟的强回波区,径向速度图上表现为测站西南侧的负速度区和东北侧的正速度区。此外,有相应的中尺度系统的水平和垂直结构特征,如图4.28b中逆风区,与图4.28a的强回波区相对应。对混合云降水回波的垂直累积液态水含量分析可知,混合云降水回波的 VIL 大小在 25～30 kg/m² 以上,有时最大的垂直累积液态水含量可达到 45 kg/m²。

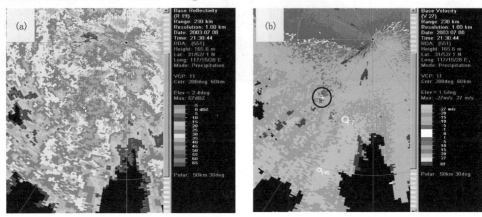

图 4.28　混合云降水回波的强度(a)和径向速度(b)图
(圆圈为逆风区范围)

四、降雪的回波特征

新一代天气雷达探测降雪天气时,由于冰晶和雪片等雪粒子对电磁波的散射能力比雨滴小很多,对电磁波的衰减作用也小,加上通常降雪范围大,大气层结稳定等特征,降雪的回波与稳定连续的降水回波类似,表现为层状云降水回波特征。在平面图上,降雪回波分布均匀连续,回波范围大,丝缕状纹理结构明显。降雪回波的强度较弱,一般在 10～15 dBZ 左右,强中心的回波强度有时会超过 30 dBZ。初春时雪晶和雪片外表溶化成一层水膜,或雨夹雪粒子较多时,回波强度会接近层状云降水回波。北方冬季气温比较低,雪花降落到地面仍然以固态为主,虽然降雪的雷达回波形态类似层状云降水,但很少出现零度层亮带。沈阳雷达站探测降雪天气的回波强度如图 4.29a 所示,图中测站周围低仰角的回波均匀连续范围宽广,回波强度 10～20 dBZ 为主,图像中间小范围内回波可达到 40 dBZ,表明近地面受融化粒子的作用,反射率因子偏高,而对流层中层回波强度值较低。

降雪天气通常出现在冬季,由于热力条件较差,不利于降雪云体的对流生长,所以在剖面图上降雪云体的回波顶比较平整,高度较低,通常在 4 km 左右,比层状云降水回波顶高的 5～6 km 稍低。

在径向速度图上,降雪回波的速度等值线分布比层状云降水回波连续,并且有规

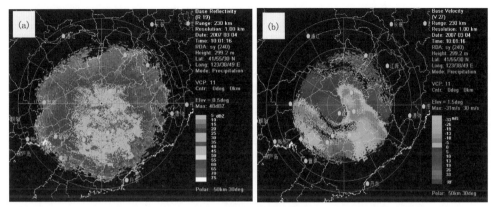

图 4.29　沈阳雷达 2007 年 3 月 4 日探测暴雪天气的回波强度(a)和径向速度(b)图

则,存在清晰、连续的"S"型零速度线,说明降雪出现时水平风向随高度顺转,表现为对流层有强的暖湿平流输送。同时在近雷达站处经常会观测到"牛眼"型结构,即有正负速度的大值区,说明降雪天气中,有高低空急流的强烈发展。通常低空急流的出现和消失是降雪开始和结束的标志。在降雪回波的径向速度图上,还常常发现速度模糊,表明降雪伴随的大风天气。图 4.29b 中降雪天气的径向速度图上,零速度线呈强烈的"S"型,风向从低空的偏东风顺转为高层的偏西风,低层有偏东风的大风速带,高层有偏西南风的急流,测站以南 180°到 210°方位角上出现速度模糊。

课后习题:

1. 天气雷达观测到的降水云回波主要有哪几种类型,不同类型降水云对应的天气系统各有哪些特征?

2. 什么是层状云降水回波? 在雷达的强度和径向速度图上,层状云回波在平面和剖面图上各有那些特征?

3. 什么是对流云降水回波,对流云降水回波在强度和径向速度图上各有那些特征?

4. 什么是积层混合云降水回波,在强度图和径向速度图的平面和剖面上各有那些特征?

5. 什么是零度层亮带,在平面和剖面图上零度层亮带分别呈现什么形态,说明零度层亮带形成的原因。

6. 降雪天气的雷达回波有哪些特征? 降雪回波和稳定的层状云降水回波特征有哪些区别?

第三节　雷达的物理量产品分析和应用

新一代天气雷除获取基数据 R、V 和 W 以外,还有丰富的产品。雷达产品是指新一代天气雷达将体积扫描的探测方式获取的基数据,经过产品生成子系统(RPG),按照一定的气象算法和客观处理,转化为气象上常用的具有明显意义的物理量和识别产品。对雷达物理量产品的分析有助于快速识别和判断天气现象。

一、强度物理量产品

新一代雷达物理量产品是指雷达基数据,经过风暴处理系统、降水处理系统、冰雹探测算法和其他系统处理后获得的产品。与强度有关的物理量产品包括:回波顶高 ET、组合反射率因子 CR、垂直累积液态水含量 VIL、时段累积雨量 OHP 和 THP 以及风暴总降水量 STP 等。图 4.30 列出了新一代天气雷达常用的强度物理量产品。

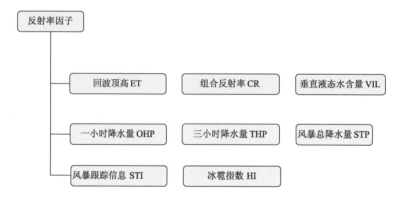

图 4.30　新一代雷达的强度物理量产品类别产品分类

1. 回波顶高

回波顶高(Echo Top,简称 ET)产品是利用新一代雷达体扫的三维反射率因子数据,选择回波阈值,根据测高公式,在 4 km×4 km 为底面积垂直柱体中,自上而下地搜索选定阈值所在高度,确定为回波顶高值,单位为 km。ET 产品的强度阈值与探测地点、季节,以及云的类别密切相关,可根据当地的气象条件和需要选定,调整强度阈值以校正真实回波顶高。通常对云顶高度的阈值取 5 dBZ,降水层顶高的阈值取 18.3 dBZ,而强回波顶高的阈值取 30 dBZ。缺省时 ET 是取 18.3 dBZ 回波强度所在的高度,为回波顶高。

降水云发展的强弱与云体伸展的高度有密切关系,ET 产品可以用来判断强对流系统的位置,估计对流发展的相对强弱,ET 的高值区可以很好地指示强对流风暴的位置,以及对流系统发展的强盛程度,有助于识别风暴结构。

ET 产品在应用中存在以下不足,导致有时出现较大的误差。(1)产品网格点间常出现环形阶梯状的不连续现象,如图 4.31 所示。(2)在雷达站附近,大于最高仰角的区域是探测盲区,常常探测不到真正的回波顶高,该处 ET 产品会低估回波顶高。对于太薄的云层,高仰角波束间存在探测间隙,ET 产品也难以探测到准确的回波顶高。(3)探测强对流天气时,对流云顶部出现的旁瓣回波,会导致 ET 产品过高估计回波顶高。

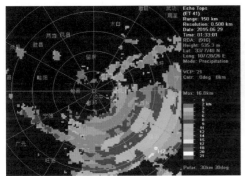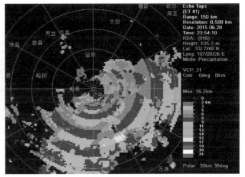

图 4.31　汉中雷达站 2015 年 6 月 28 日和 29 日探测的 ET 产品图

尽管 ET 产品存在误差,但其与实测的降水量有很好的相关性。在降水开始发生时,回波顶高通常可以达到峰值。降水维持时,回波顶伸展的高度降低,并保持较低值。因此,从回波顶高的变化可以估计降水的强弱和发展变化。图 4.31 中 ET 产品的高值中心可以达到 14 km 以上,对应的地区是强暴雨的中心。

2. 组合反射率产品

组合反射率(Composite Reflectivity,简称 CR)产品是应用雷达体积扫描获取的回波强度数据,在以 1 km×1 km(或 2 km×2 km)为底面积,直到回波顶的垂直柱体中,对各个仰角探测的回波强度值进行比较,挑选出最大的回波强度值,确定为组合反射率产品 CR。CR 的显示如图 4.32 所示,与同时刻的反射率因子 R 相比,CR 产品值明显偏高,最大反射率因子值从 0.5° 仰角的 60 dBZ 增加到 63 dBZ。

CR 产品可以显示整个探测区最大反射率因子的分布,与基本反射率因子相比,可以快速地查看降水云强度和强风暴的位置。

对一些突发性的强对流天气,初始降水回波可能出现在对流层的不同高度处,需要浏览每个仰角的图像才有可能发现,而使用 CR 产品可以避免分析多个仰角的图

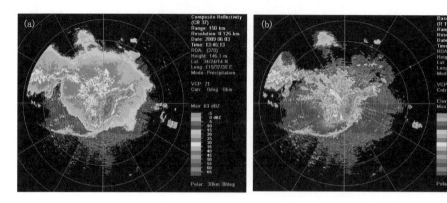

图 4.32　商丘雷达站探测的 CR 产品(a)和同时刻 0.5°仰角的基本反射率因子(b)的比较图

像,有利于迅速地发现强对流天气的位置。如在冰雹出现的区域,对流层中层可能存在高反射率因子区,CR 产品可以有效监测冰雹天气。

　　CR 产品由于雷达探测距离和仰角的限制存在以下几点不足。近距离处 CR 产品易受地物回波的干扰,把地物回波误认为最大降水回波。远距离处,由于最低仰角获取的回波离开地面有一定的高度,CR 可能探测不到最低仰角之下的最大回波。此外雷达体扫的最高仰角较低,在测站附近不一定能探测到最大回波强度。以上几点都会产生虚假的 CR 值,影响对降水回波的分析。

　　3. 垂直累积液态水含量

　　垂直累积液态水含量(Vertical Intergrated Liquid,简称 VIL),是假定反射率因子是由液态水滴引起的,应用以下的经验公式生成每一个 4 km×4 km 网格点上任意仰角的液态水含量值。

$$M = 3.44 \times 10^{-3} Z^{4/7}$$

　　式中,Z 为基本反射率因子,M 为液态水含量,单位 kg/m²。

　　将每个仰角的反射率因子转换成 4 km×4 km 网格上的液态水含量,再对每个网格从地面垂直向上到云顶进行累加,得到 VIL 值。VIL 值可以反映降水云体中垂直液态含水总量的大小,用来判断云体的降水潜力,是监测强对流天气造成的暴雨和冰雹等灾害性天气的有效工具。如图 4.33 显示的强回波及对应的 VIL 产品。

　　VIL 产品的大值区常常和大面积雨区的强降水中心对应得很好,一般可用来确定大多数显著风暴中心的位置。图 4.33a 中 2015 年 6 月 28 日 23:54 在测站的东南方向存在带状的回波区,其中 150°到 180°方位角存在 VIL 的大值中心,中心值达 20 kg/m² 以上,与该时刻的强回波区相对应。随着对流系统的快速移动,到 29 日 01:02,对流系统移动到 135°方位角 100 km 附近,VIL 的大值中心范围缩小,表明系统

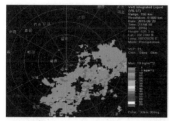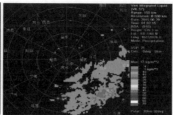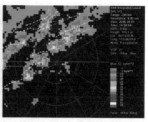

图 4.33　陕西汉中雷达探测强对流系统的 VIL 产品显示

的减弱。因此 VIL 值快速地跟踪了对流系统强中心的移动,反映了强对流云的发展和变化。当对流云回波顶伸展的高度越高,降水云体的 VIL 值就会很高,降水潜力越大,产生强对流天气的可能性也就越大。因此,强降水和冰雹天气通常对应着 VIL 的高值中心,VIL 产品可以用来判别这些灾害性天气的位置和强弱。VIL 也有助于识别强风灾害天气,强风开始时,VIL 通常会迅速减小。

VIL 产品在生成中可能存在以下几点不足:

①VIL 是根据 $M-Z$ 经验公式建立的,实际降水云体中雨滴的易变性,使雨滴谱存在着较大不确定,导致经验关系不合理,使得 VIL 值出现误差。②雷达测站附近最高仰角之上,以及距雷达站较远处最低仰角之下,存在探测的盲区,不能探测到真实的云雨层厚度,导致 VIL 值估计过低。③对于一些强烈倾斜的对流云,或快速移动的降水云,雷达探测低仰角和高仰角存在时间差,会导致 VIL 值低于垂直或移动较慢降水云体的 VIL 值。④层状云和积层混合云降水中,由于零度层亮带中虚假的高反射率因子值,导致 VIL 估计值偏高。

4. 时段累积雨量

新一代天气雷达的重要功能之一是降水量估计,时段累积雨量是在反射率因子产品的基础上,根据反射率因子和降水率之间的关系:

$$Z=AR^B$$

缺省时 $A=300$,$B=1.4$,式中 R 是降水量,Z 是基本反射率因子。

估计任意时段的雨量分布,并显示整个探测区域该时段的降水总量,表示成降水厚度,单位:mm。OHP(One Hour Precipitation)为 1 小时降水量,THP(Three Hour Precipitation)是 3 小时降水量,STP(Storm Total Rainfall)是风暴总累积降水量。

OHP 产品是计算当前时间前一小时降水量的累积。THP 是到当前时间最近的前一个整点为止的 3 小时降水量累积值,每个整点更新一次。STP 是统计风暴发生时段的累积总降水量,统计时间从降水探测子系统探测到降水开始,直到子系统在雷达探测范围内连续超过一个小时没有探测到降水结束,统计时间可以在产品中显示出来。如图 4.34 显示的三种时段累积雨量。

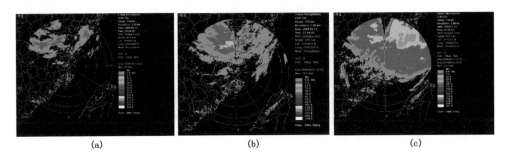

|(a)|(b)|(c)|

图 4.34　福建长乐雷达站探测的同一时刻的 OHP(a)、THP(b)和 STP(c)产品显示图

以上产品都是在 $Z-R$ 关系的基础上生成的。一般来说,反射率因子越大,雨强越大。但这个关系会受到降水类型的很大影响。由于不适当的 $Z-R$ 关系,电磁波的非正常传播,以及大气分子和降水粒子引起的衰减等,都会导致估测雨量与地面雨量不一致。必要时可以用地面自动站雨量值进行对比分析。

5. 冰雹指数

冰雹指数(Hail Index,HI)产品是冰雹探测算法(HDA)的图形输出结果,该算法的基础是查找冻结层高度以上的强反射率因子值,反射率因子值至少要大于 45 dBZ。反射率因子值越高,且发生高度越高,产生冰雹/强冰雹的可能性(POH/POSH)就越大,冰雹尺寸也越大。

HI 产品用绿色三角形 ▲ 表示发生冰雹以及发生强冰雹的可能性。对应的 POH 是冰雹发生的百分比,表示风暴单体发生冰雹的概率;POSH 是强冰雹发生的概率;三角形中间的数字表示可能发生冰雹的最大尺寸,通常用英寸[①]来表示。冰雹产品的显示如图 4.35 所示。

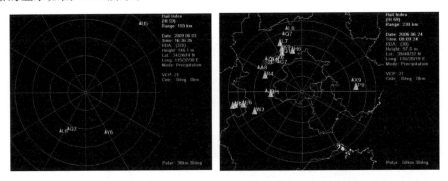

图 4.35　天气雷达站观测的冰雹指数产品显示图

---

① 　1 英寸=2.54 cm,下同。

二、径向速度物理量产品

新一代天气雷达在径向速度产品的基础上,经过 SCIT 算法,中气旋 M 算法,龙卷探测算法和 VAD 算法等过程处理,获取各种径向速度的产品,包括中气旋 M、龙卷涡旋 TVS、垂直风廓线 VWP 和风暴路径信息 STI 等产品,如图 4.36 所示。

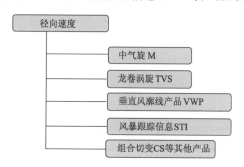

图 4.36 新一代天气雷达的速度产品和识别产品

1. 垂直风廓线产品

垂直风廓线(Velocity Azimuth Display Wind Profile,简称 VWP)产品是在径向速度产品的基础上,将不同时刻 VAD 算法导出的各个高度上水平风用风标表示在同一幅图上,得到雷达站周围 30 km 半径内,不同高度上平均风向和风速随高度变化的垂直廓线,并应用连续的体扫资料,得到风廓线随时间的变化图。VWP 产品图的纵坐标以 km 为单位,高度为地面以上 0.3~15.2 km,每隔 0.3 km,共 30 层。水平坐标以时间为单位,每 6 分钟间隔,如图 4.37 所示。通常只有在大面积降水情况下,才能得到比较完整的风廓线 VWP,在非降水情况下,可以得到不太完整的垂直风廓线 VWP。有效回波主要集中在大气边界层。在干燥的冬季晴空情况下,几乎得不到垂直风廓线。

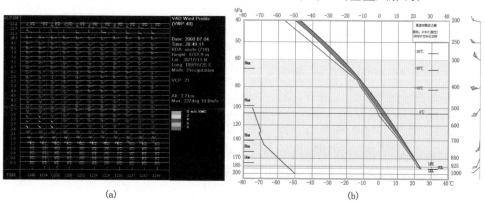

(a)   (b)

图 4.37 恩施雷达站观测的 VWP 产品(a)和图 a 中椭圆形探测相应时刻 $T-LnP$(b)图

VWP 产品与高空探测资料的风廓线图形相似,可以用来识别平均风随高度的变化,及其随时间的变化。产品显示中 RMS 是用色标表示的风速均方根误差。RMS 值越大,表明探测的数据离散性强,可靠性较差。ND 是无数据,表明雷达站周围少于 25 个资料点,或者 RMS 误差值大于 4.8 m/s,可认为是大气层的干区。图 4.37a 中探测的 VWP 产品显示了大气深厚的暖平流,风向从偏西南风顺转为偏西风,以及地面 3 km 处的低空急流,与对应时刻高空探测的风廓线产品(见图 4.37b)风向较一致。但两种探测的风速一致性较差。

VWP 产品常应用于强对流天气的诊断分析,大气边界层的气象研究,以及人工影响天气等方面。具体表现为:①识别高空槽,切变线和近地面锋面过境时间。②根据风向随高度的逆转和顺转,估计冷暖平流的强弱,确定冷暖平流的高度,分析大气层结的相对稳定度。③识别水平风的垂直切变,风随高度转变的程度,或者风随时间变化的快慢,说明风切变的大小,判断环境变化是否有利于强对流天气的发生。④判断高低空急流,识别 10 km 以上风速大于 30 m/s,或者 1.5 km 高度处风速大于 12 m/s 的大风速带,当大风速带持续一段时间,则可识别出测站附近有高低空急流的存在。当风速加大,急流加强时,高低空急流的耦合处常易发生强对流天气。⑤利用 3 km 高度附近对流层中层的水平风向作为引导气流,用来推断估计未来降水云体的移动方向。

2. 中气旋产品

中气旋产品(Mesoscale cylone,M)是中气旋算法的图形输出结果,该算法对径向速度产品进行分析处理,判断是否有中气旋产生,用黄色圆圈标注在对应的位置上。圆圈的大小表示中气旋的大小,空心和实心表示中气旋可能发生的概率,如图 4.38a 显示的商丘雷达站探测中气旋 M 产品,图 4.38b 是汉中雷达站探测的径向速度叠加中气旋产品,用箭头指出了中气旋位置。

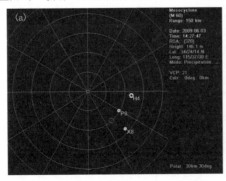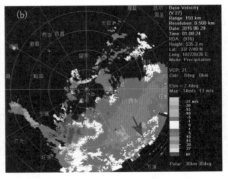

图 4.38　商丘和汉中雷达站观测的中气旋(a)和径向速度产品上叠加中气旋产品的图形(b)图

3. 龙卷涡旋特征

龙卷涡旋（Tornado Vortex Signat，TVS）是具有较大风速切变和风向切变，结构紧密，且破坏力极大的小尺度涡旋系统。龙卷涡旋比中气旋尺度更小，通常只有几百米到 1 km。根据龙卷涡旋特征，定义龙卷涡旋为三维涡旋的底在 0.5°仰角上，涡旋厚度至少为 1.5 km，最大速度切变为 36 m/s，或底部速度切变至少为 25 m/s。判断 TVS 是否产生，一般是在中气旋存在的情况下，根据涡旋处的风切变、垂直方向的伸展高度，以及持续性来判断是否有龙卷涡旋的发生，用红色倒三角来表示。TVS 在一般情况下很少探测到，只有在龙卷比较强大，而且出现在靠近雷达站的地方才能探测到。

4. 风暴跟踪信息产品（Storm Tracking Information，STI）

风暴跟踪信息产品（STI）是利用风暴单体识别和跟踪（SCIT）算法获得的产品，该产品对风暴进行实时自动识别、跟踪和结构分析。STI 产品识别雷达探测范围内的对流风暴单体，并给出风暴过去、现在和将来的位置，该产品能较好地识别、跟踪和警戒对流性天气。图 4.39a 显示了商丘雷达站探测飑线天气时的 STI 产品，飑线的风暴中心位于测站以南，STI 产品指示风暴中心的移动方向是向东发展。图 4.39b 显示了一次飑线天气过程中的 STI 产品，飑线位于测站西北侧时，VIL 显示了飑线中线状排列的风暴中心，VIL 值均在 25 kg/m² 以上，STI 跟踪与风暴中心，并显示了未来的移动方向是东北向。

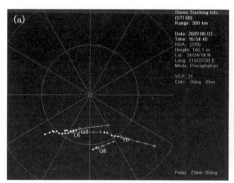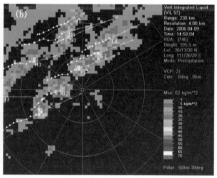

图 4.39　商丘和汉中雷达站探测的 STI 产品图（a）和 VIL 产品与 STI 产品的叠加图（b）
（⊗表示风暴当前中心位置，●表示风暴过去的位置，＋表示风暴的预报位置）

三、雷达产品使用时的注意事项

新一代天气雷达产品丰富，应用便捷，并且对强对流天气有很好的探测和预警能力。通过对雷达产品的识别和分析，有助于判别强天气系统的发展、变化和移动路径。但是,所有物理量产品都是在基数据产品的基础上,按照气象算法,在产品生成系统 RPG 中处理得到的。由于受算法、雷达探测范围和固定仰角的限制,以及降水粒子不确定的雨滴谱关系的影响,雷达产品会出现各种不确性和误差。因此,在应用分析中要以基数据为准,谨慎使用这些物理量产品。对产品中发现强天气信息的地方要密切关注跟踪,判断风暴的实际发展情况。即使物理量产品没有强天气信息的地方,也不能掉以轻心,需要继续关注图像上的强回波和速度场上强辐合区和辐散区,并且与地面自动观测站的风速和降水量资料比较,判断强天气发生的可能性和危险性。

课后习题:

1. 新一代天气雷达的物理量产品一般分为哪几类? 分别包含哪些产品?

2. 强度物理量产品的回波顶高 ET、垂直累积液态水含量 VIL,以及组合反射率因子 CR 产品在天气分析中有哪些应用? 说明这些产品的生成过程,以及这些产品在应用中的局限性。

3. 与径向速度产品有关的物理量产品有哪些? 其中的 VWP、STI、M、STI 产品有哪些具体的应用?

第五章　强对流天气的雷达回波特征

第一节　区域性暴雨和台风的雷达回波特征

雷达监测的大尺度强天气系统主要是区域性暴雨和台风。暴雨是我国最常见的一种天气现象,有时可引起河流泛滥,山洪暴发,泥石流等危及人民生命财产的灾害。暴雨天气变率大,影响因素复杂,有时落区大,持续时间长,为区域性暴雨;有时历时短,强度大,分布不均,为局地性暴雨。通常情况下,有一定强度的各种对流单体,在天气系统的配合下,组成各种中小尺度天气系统,可诱发暴雨天气的产生。在大尺度天气形势背景下,利用雷达资料分析各种尺度天气系统相互作用,是监测区域性暴雨天气有效的探测手段。

暴雨过程的降水量取决于降水强度和降水持续时间,可用下式表示:

$$降水量＝降水强度×降水持续时间$$

从地面观测的雨量来说,12 小时降水达 30～70 mm,或者 24 小时降水量达 50～100 mm,都属于暴雨天气。区域性暴雨天气持续时间长,通常 24 小时降水量能够达到 50～100 mm。把每小时降水量在 20 mm 以上,且强降水持续时间在 1 小时以上,作为是短时强降水的阈值。通常区域性暴雨过程中会有个别地区的降水量达到短时强降水的量级。

一、区域性暴雨的回波特征

根据暴雨天气的降水量公式,在强度场上区域性暴雨的回波通常在平面图上具有下列两个特征之一:

(1)以块絮状的积层混合云降水回波为主,其中块状回波的反射率因子 $R>45$ dBZ。此时回波强度大,积层混合云降水回波范围也大,回波发展稳定,可以满足区域性暴雨的要求。

(2)以片状的层状云降水回波为主,R 为 30 dBZ 左右,并且回波稳定维持。该类区域性暴雨过程的降水强度较小,但是持续时间长,累积降水量大。或者有时片状回波不断经过某地,产生"列车效应",使降水具有连续性的特点,导致区域性暴雨。

　　在剖面图上,区域性暴雨回波通常出现在零度层以下(0.7～5.3 km)的暖云层中,即回波在较低空发展。有时混合云降水中也会出现悬挂回波和低层的弱回波区等现象。

　　以上分析可知,区域性暴雨天气以大范围的层云和混合云降水回波为主,且 40 dBZ 以上的强回波主要集中在 0℃层(5.2 km)高度以下。当强回波中心低于 3 km 时,反射率因子主要由暖云层的液态雨滴产生,降水效率非常高,容易导致降水强度的增加。暖云层厚度可以通过探空曲线来估计,把抬升凝结高度到融化层高度(大致为 0℃层的高度)之间的厚度作为暖云层厚度。当暖云层非常厚,云层内水滴碰撞的机会增加,有利于提高降水效率。如图 5.1a 中,河南濮阳的区域性暴雨中块絮状回波稳定发展,对应的剖面图 5.1b 的上强回波中心接近地面,最大高度低于 6 km,表现出降水效率高的暖云层降水。在强度图 5.1c 中黑线的剖面图 5.1d 上,有悬挂的强回波和低层的弱回波区发展,强回波中心高度为 3 km,呈暖云降水为主。

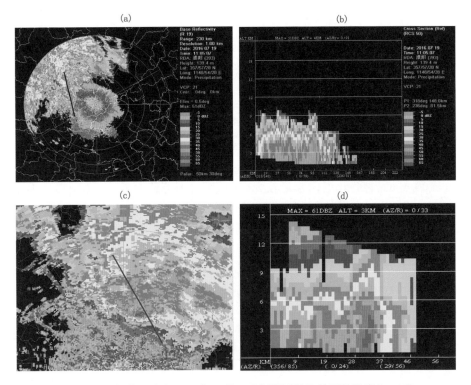

图 5.1　河南濮阳雷达 2016 年 7 月 9 日探测区域性暴雨的强度(a,c)和
沿图 a,c 中对应时刻黑线的剖面(b,d)图

　　通常区域性暴雨回波稳定或移动速度较慢。当回波带缓慢移动,且维持时间可达几个小时以上,产生稳定持续的降水,导致累计降水量大,达到暴雨的量级。但有时多个风暴单体或者对流云先后经过同一个地方,称为"列车效应",也会导致区域性暴雨天气的发生。

　　图5.2是陕西汉中雷达站探测的一次区域性暴雨过程,汉中周边地区都达到了暴雨的量级,其中西部的佛坪和城固出现短时强降水。这次过程的强回波中心值在50 dBZ左右,周边为片状的层状云降水回波发展,降水中心为块状的对流云形成,表现出块絮状的混合云降水特征。同时径向速度场(见图5.2d)上强回波中心对应有辐合型中气旋的持续发展,如图中的圆圈所示,说明这次过程是以超级单体引起的区域性暴雨过程。

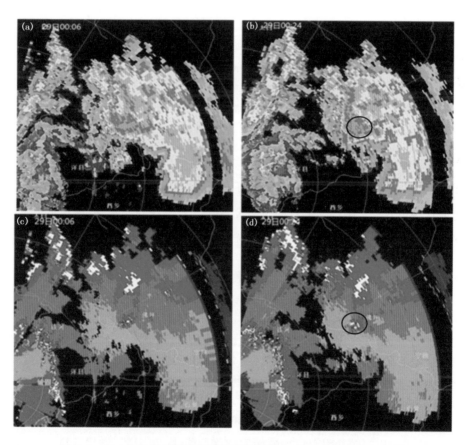

图5.2　汉中雷达站探测区域性暴雨的强度(a,b)和径向速度(c,d)图

　　区域性暴雨的产生是在天气尺度背景和多个中小尺度系统共同作用的结果。在径向速度图像上，暴雨过程中往往出现辐合，暖平流、低空急流和逆风区，及低空辐合和高空辐散的垂直环流结构等。区域性暴雨的速度回波总结如下：

　　(1)有低空急流的"牛眼"出现。低空急流为暴雨区提供水汽和热量，是区域性暴雨形成的基本条件。

　　(2)零速度线呈 S 型，表明低层有明显的暖平流，这是大范围稳定性降水的条件之一。

　　(3)经常有逆风区的存在，逆风区与暴雨区相对应，可以作为区域性暴雨中心的特征。由于逆风区是中尺度辐合辐散系统在天气雷达径向速度图上的表现形式，有利于强对流天气发生，短时大暴雨出现在逆风区前沿以及径向速度辐合最大的区域。

　　当暴雨降水回波由不稳定降水向稳定降水转化时，有时会观测到零度层亮带，表示降水过程开始减弱。

二、台风的雷达回波特征

　　台风是发生在热带海洋上的具有暖中心结构的强烈气旋性涡旋，每年夏秋季节台风经常在我国东南沿海地区产生暴雨和大风天气。天气雷达可以连续跟踪台风的位置，探测台风登陆地点、台风降水的强度和变化趋势，为台风的预报提供准确的依据。

　　台风的雷达回波表现为向着台风中心附近辐合的螺旋型雨带，这种螺旋雨带在海上更为明显。当台风登陆以后，台风降水回波分布开始变得较为混乱而不易辨认。台风回波的形状与台风的强度有密切的关系。受台风结构的影响，台风的降水回波可以分为三个组成部分。

　　(1)台风眼。台风眼是台风中心气压最低，并且没有明显降水的晴空区，雷达强度图上为圆形无回波区。强台风的台风眼呈圆形，直径较小，一般台风的台风眼直径较大，可达 50～60 km，在强度图上有不规则的弱回波区出现。

　　(2)台风的云墙，或称眼壁。围绕台风眼的强烈上升运动形成高大积雨云，组成了台风的云墙，是台风风雨最剧烈的地区。在雷达回波上强台风的云墙区表现为 20～30 km 宽的圆环状强回波区，在剖面图上回波顶可达 15 km 以上。一般台风的眼壁回波强度弱，高度也比较低，在较近的距离上才能被雷达探测到。

　　(3)螺旋雨带区。从台风的云墙向外，到台风的外缘，是台风的螺旋雨带，该处的降水分布呈明显的带状结构。在强台风或台风的成熟期，螺旋雨带围绕着台风中心，呈气旋式向内旋转。强台风的螺旋回波带强度大，范围广，结构紧密、连续，边缘清晰，并且接近圆弧形。弱台风的螺旋雨带回波分布比较杂乱，回波带不很清晰，回波弱，结构松散。在台风的发展和衰亡期，螺旋雨带分布不对称，表现为一条或几条雨带,呈现对流云和层状云同时存在的块絮状回波区。

　　有时在螺旋雨带前方离台风中心约几百千米处会有台风飑线,表现为狭窄而轮廓分明的对流回波带。台风飑线的对流回波单体,生消变化快,具有对流性阵雨的回波特征。

　　如图 5.3a"百合"台风的强度和径向速度图所示,可以发现在台风登陆时,台风的强度减弱,台风眼扩散,台风云墙也开始消散,出现层云和对流云松散的混合云降水结构。图 5.3b 是一不对称台风的回波强度图,台风眼填塞,云墙在台风西南侧发展较强烈,其他方位上回波较弱,相对松散。

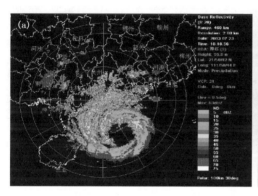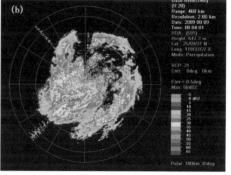

图 5.3　2003 年 7 月 23 日台风百合(a)和 2009 年 8 月 9 日莫拉克台风(b)的雷达强度图
(椭圆形为台风中心)

　　台风回波的形状与台风的强度有密切的关系。对于强台风,在强度和速度图像上台风眼清楚完整,台风眼壁区的回波紧密,强度大,速度图像上等值线密集,对于较弱的台风,台风结构松散,回波带强度减弱,台风的几个组成部分连成一片。此外,强台风伴随速度模糊的出现,如"桑美"台风的速度图 5.4b 和 5.4d 出现速度模糊,图像右侧的径向速度从 -27 m/s 直接跳到 $+27$ m/s,然后围绕着台风眼的晴空区,径向速度保持正值,并减少到 0 m/s,再次变为负值,最小径向速度为 -5 m/s,代入公式(2.23),得到:$V=-5$ m/s$\pm n\times54$ m/s,当 $n=1$ 时,可选值为 -59 m/s 和 $+49$ m/s,从前面判断,V 应该为负值,因此,取 -59 m/s 作为还原后的速度值,用来估算台风中心附近的最大风速。

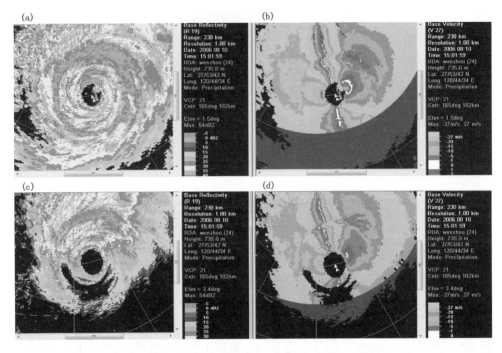

图 5.4　超强台风桑美的回波强度(a,c)和对应时刻的径向速度(b,d)图

课后习题：

1.简述区域性暴雨天气的雷达回波有哪些特征。什么是雷达回波的"列车效应"？

2.请说明台风的基本结构，并说明天气雷达探测台风时，台风的几个组成部分各有哪些回波特征？

第二节　中小尺度天气系统的雷达回波特征

　　建设新一代天气雷达的目的主要是监测和预警中小尺度强对流天气。通过对中小尺度系统雷达回波的分析和判断，有助于识别强对流天气系统的内部结构，及其发展变化，实现对强对流天气的预警和防御。

　　中小尺度气象学中通常把一般积雨云伴随的雷击、闪电、阵风和阵雨的对流性天气系统称为普通雷暴，而把由对流运动旺盛的积雨云，伴有暴雨、大风、冰雹、龙卷等灾害性天气现象的强对流系统称为强雷暴。强雷暴是在特定的大气环境中发展起来的强大对流天气系统，环境的最重要特征是强位势不稳定和强垂直风切变。强雷暴按照单体的数目可分为单体强雷暴、多单体雷暴和超级单体雷暴三类,以及线性强风暴等。下面分析前三类强雷暴的雷达回波特征。

1. 单体强雷暴的雷达回波特征

单体强雷暴就是一个雷暴云,对应一个强的上升气流区,表现为发展几十分钟左右的强雷暴系统,如图 5.5 所示单体强雷暴发展的三个阶段,分别为积云阶段、成熟阶段和消散阶段。

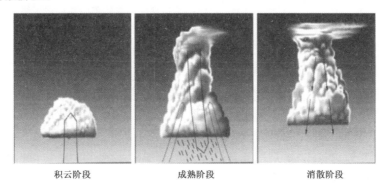

积云阶段　　　　　　　　成熟阶段　　　　　　　　消散阶段

图 5.5　雷暴单体三个发展阶段的示意图

单体强雷暴的雷达回波在强度图上通常具有以下特征:

在平面图上,单体强雷暴的回波强度很强,具有强回波核,通常可达 50 dBZ 以上。单体强雷暴中大量水汽被强上升气流抬升到 0℃ 层以上,形成冰粒子和过冷却水滴,这些粒子在雷暴云中反复上升下降,循环增长,汇聚成强的水分累积区,表现出雷达回波上的强回波核。

在剖面图上,单体强雷暴具有强烈发展的柱状回波墙。回波顶较高,强回波中心也较高。由于强雷暴云的向上运动,携带大量水汽到达凝结高度以上很高的位置,导致回波顶向上延伸很高,一般在 10 km 以上,个别可接近 20 km。由于云内强烈上升气流使云顶出现部分隆起,形成云顶上冲。强雷暴单体发展成熟时,云顶到达对流层顶时不能再向上发展,便向四周或下风方辐散,形成向雷暴云移动方向伸展达 50～150 km 的云砧。

如图 5.6 所示的单体强雷暴的强度图中,单体的回波强度都在 50 dBZ 以上,呈现明显的回波核。其中图 5.6a 为孤立的单体强雷暴,图 5.6b 为排列离散的单体雷暴,图 5.6c 中的雷暴单体与层状云混合在一起。

在径向速度图上,单体强雷暴具有完整的中尺度系统风场结构,表现为低层辐合和高层辐散,以及强烈的垂直风切变特征。雷暴单体附近经常伴随有逆风区,表明风向存在剧烈的变化,产生气流的不稳定。

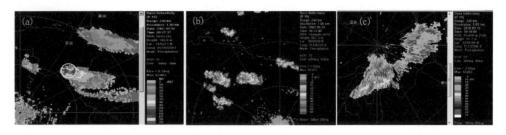

图 5.6　合肥(a)、常德(b)和肇庆(c)雷达站探测单体强雷暴的强度图

2. 多单体雷暴的雷达回波特征

多单体雷暴表现为由多个轮廓分明,处于不同发展阶段的雷暴单体排列在一起,共同组成强对流系统。这些单体不像一般雷暴单体那样随机发生,互相干扰,而是有组织地排在一起,形成有机的整体。多单体雷暴通常具有发展范围广,持续时间长的特点,通常可持续 1 个小时以上。多单体雷暴的发展模式如图 5.7 所示,根据图 5.7 的多单体雷暴的示意图,发现多单体雷暴主要由云下入流、上升气流和下沉气流组成。云下入流运动为贴近地面距离风暴中心 20 km 左右的浅薄层。随着入流进入风暴底部,云体厚度逐渐加大。上升运动开始加强时,每个单体对应一支上升气流,上升气流间被弱的下沉气流隔开,在云的上部又混合在一起。在顶端可以看到个别单体的上冲云顶。图中雷暴由多个云顶组成,单体 $n+1$ 处于初生阶段,n 处于发展阶段,$n-1$ 处于成熟阶段,单体 $n-2$ 处于衰减阶段。

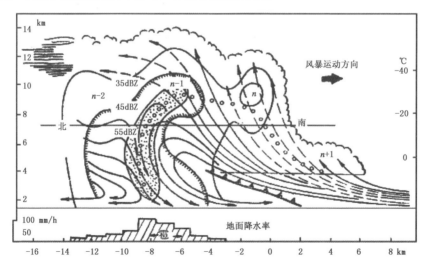

图 5.7　多单体雷暴的结构模式和回波示意图

多单体雷暴在随气流移动时,前方不断有新单体生成,原单体则不断衰减消亡,表现出跳跃式的传播现象,这也是多单体生命期较长的原因。

多单体雷暴在平面图上表现为多个强回波中心紧密地排列在一起,如图 5.8a 所示的回波区。在垂直方向上多单体雷暴表现为多个柱状结构,如图 5.8b 所示,图中观测到了清晰的三个柱状回波墙,紧密排列在一起。

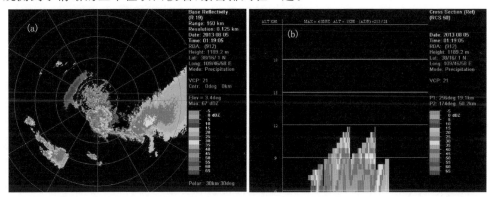

图 5.8 陕西榆林雷达探测多单体雷暴的回波强度平面(a)和同时刻的沿 a 中基线的剖面(b)图

3. 超级单体雷暴的雷达回波特征

超级单体雷暴,也称超级单体风暴是对流风暴中组织程度最高,生命期最长,具有单一特大垂直环流的巨大强风暴云。超级单体风暴是一种有特殊结构的强风暴。超级单体雷暴的结构模态如图 5.9a 所示,表现为上升气流和下沉气流长时间准稳态共存的结构特征。超级单体的生命史比普通雷暴长,可达几个小时以上。图 5.9b 是超级单体强风暴雷达回波三层平面分布示意图。图中显示钩状回波中有强的上升气流,这是龙卷常常形成的区域,钩状回波的下方是中尺度低压区,有强的辐合。对流层顶的回波范围明显比对流层中部和下部的回波范围广,表现为大范围的云砧出现。超级单体强对流风暴除产生冰雹、雷暴等强对流天气外,还经常产生下击暴流,引起

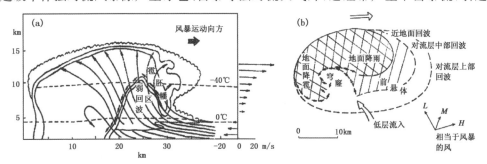

图 5.9 超级单体强风暴结构示意图(a)和雷达回波的三层平面示意图(b)

雷雨大风天气。当对流风暴发展到成熟阶段后,雷暴云中下降冷性气流达到相当大的强度,到达地面形成外流,产生局地性大风。

超级单体雷暴的雷达回波是对流云回波中最强的,除具有单体强雷暴的特征外,还呈现出独特的钩状回波、三体散射和旁瓣回波等形态,以及径向速度场上的中气旋特征。总结超级单体风暴雷达回波的主要特征如下:

(1)云砧和悬挂回波。超级单体风暴的雷达回波常常有云砧在回波主体上风方或者下风方伸展,达到100 km以上,有时甚至更远。云砧中的雨滴离开强雷暴云的上升气流区之后,在重力作用下高度下降,有时形成悬垂状回波。

(2)有时有弱回波区或有界弱回波区(穹窿)。来自雷暴云前方的强烈上升气流快速倾斜地深入云体,该处形成的水汽和水滴来不及增长成为大粒子,在回波墙前部形成无回波区或弱回波区。

(3)深厚持久的中气旋是超级单体雷暴最本质的特征,也是区分一般强单体雷暴和超级单体雷暴最鲜明的标志。

(4)超级单体雷暴有时有钩状回波、三体散射和旁瓣回波特征。通常钩状回波是强上升气流中有强烈旋转运动的结果,也是龙卷最容易出现的位置。当钩状回波出现时,雷暴云发展非常旺盛,往往会造成雷雨、大风、冰雹和强降水等天气。

(5)超级单体经常有冰雹生成,在C波段雷达中有时出现V型缺口。超级单体中由于大冰晶粒子和大水滴等质点对电磁波的强烈衰减,C波段雷达的穿透能力差,电磁波不能穿透雷暴云,形成强回波区后面的弱回波区或无回波区,使回波呈向外的V字形状。

(6)有时有晴空窄带回波。超级雷暴单体后部的强烈下沉气流,到达地面后向四周辐散开来,在强雷暴中心移动方向前侧的近地面处形成阵风锋,在强度和速度图上表现出窄带回波的形态。

图5.10是广东肇庆雷达探测超级单体风暴的平面图,图中超级单体呈明显的回波核,强回波中心强度达60 dBZ以上,而且伴随有旁瓣回波和三体散射。同时低仰角的强度图5.10a中回波核心明显低于高仰角图5.10b的强度,呈明显的悬垂状回波。图5.10c中的径向速度图上对应正负速度中心,正负速度中心关于半径对称,负中心的速度达15 m/s以上,正速度中心为5 m/s,满足中气旋的标准,表明中尺度系统是超级单体雷暴。

图5.11是湖南永州雷达探测的超级单体风暴强度和径向速度图。从强度图5.11a上,强回波中心强度达60 dBZ以上,对应径向速度图5.11b上有中气旋结构。同时在强度和径向速度图上都有三体散射和旁瓣回波发展,以上特征说明了这次过程是中尺度超级单体强雷暴系统,有冰雹天气出现。

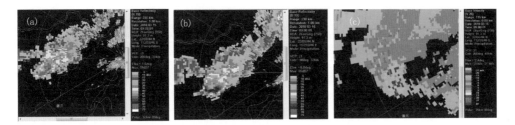

图 5.10　广东肇庆雷达探测超级单体风暴时,1.5°(a)、6.0°(b)仰角的强度
和同时刻的 2.4°仰角径向速度(c)图

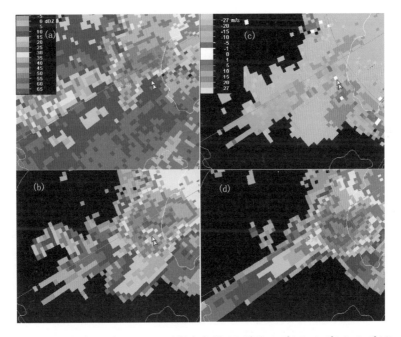

图 5.11　2006 年 4 月 9 日 23:16 湖南永州 SB 雷达 1.5°(a)、4.3°(c)、6.0°(d)
仰角反射率因子以及 4.3°(b)仰角的径向速度图(俞小鼎,2009)

课后习题:

1. 什么是单体强雷暴,说明单体强雷暴的发展阶段制性,以及单体强雷暴的雷
达回波特征?

2. 什么是多单体雷暴? 说明多单体雷暴与单体强雷暴在雷达回波特征上的差异。

3. 什么是超级单体雷暴,超级单体雷暴的雷达回波在强度和径向速度图上有哪
些特殊的形态?

第三节　强对流天气的雷达回波特征分析

一、冰雹

冰雹是我国较常见的一种灾害性天气,尤其在山区及丘陵地带夏季经常发生。冰雹是在强雷暴云中产生的,雷暴中的对流云中雹胚上下数次运动和过冷水滴碰并而增长起来,当云中的上升气流支撑不住冰雹粒子时就下降到地面形成冰雹。冰雹天气历时短,通常降雹时间只有 10～30 分钟,少数在 30 分钟以上。冰雹天气的局地性非常强,一般宽约几十米到数千米,长约几十千米。在一些强烈发展的多单体雷暴,飑线和超级单体强风暴中都有可能伴随冰雹的出现。

冰雹的形成要求在雷暴云中有合适的冰雹生长区,冰雹生长区需要有合适的含水量、气温和上升速度等条件。有利于冰雹生成的大气层结条件:(1)对流层中必须有相当厚的不稳定层,具有较大的对流有效位能,同时还需要有足够的过冷却水滴,表现为云的垂直厚度不小于 6～8 km;(2)产生冰雹的对流云必须发展到能使大水滴达到冻结的高度,即温度达到 $-16\sim-12℃$ 以下,因此,有利于冰雹生长的对流层中 0℃层高度不能太高;(3)对流层有强的垂直风切变;(4)云内含水量丰富,一般水汽含量达到 $3\sim8$ g/m³ 以上,表现在最大上升气流的上方有液态过冷水的累积带;(5)云内倾斜的,强烈而不均匀的上升气流能够到达 10 km 以上,且能够持续一段时间。

对于冰雹的生长,0℃层和 $-20℃$ 层是表示冰雹云特征的两个重要参数,分别是云中冷暖云分界线高度和大水滴自然冰化区的下界。如北京探空资料显示,冰雹日当天 08 时 0℃层高度一般在 3.3～4.4 km,$-20℃$ 层高度在 6.3～7.6 km,是适宜于雹云发生发展的高度。

除具有普通对流云的回波特征外,冰雹云回波在强度场上还表现有以下几个方面的特征。这些特征多出现在冰雹云的发展阶段,可作预报冰雹的辅助指标。

(1)云中有 50 dBZ 以上稳定发展的块状强回波区,且能够扩展到 $-20℃$ 等温线以上,表现为高悬的强回波特征,如图 5.12 所示,且 0℃层距离地面的高度不超过 5 km。

(2)低层有弱回波区,或有界弱回波区,或云体表现为低层反射率因子的强梯度和回波顶偏移,这些回波特征有利于大冰雹的发生。

(3)有回波墙和云砧生成,且回波顶高度非常高。冰雹云中强盛的上升气流,促进回波高度的发展,通常大于 6～8 km,夏季可达 10～16 km,云顶有超过 100 km² 的云砧。在成熟阶段冰雹云形成垂直发展的回波墙。

(4)冰雹云还具有一些特殊回波,如 V 型缺口、三体散射和旁瓣回波等。有时冰雹云还呈现钩状或指状回波形态,冰雹常常发生在钩状回波(或弱回波区)附近的强回波区中。

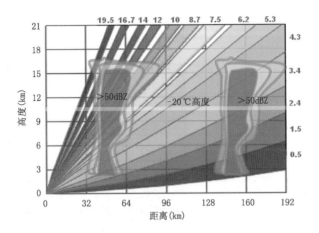

图 5.12　冰雹天气雷达回波强度的 RHI 示意图
(橘色为 50 dBZ 以上强回波区)

由于冰雹云多是由超级单体或者多单体雷暴引起的,在径向速度场上冰雹云强中心尺度很小,速度等值线较密集,切向梯度比较大,具体表现为:

(1)冰雹云经常与中低层深厚的中气旋相联系。伴随中气旋的超级单体是冰雹云的一个重要特征。冰雹常发生在中气旋大风速一侧的风速辐合区,以及中尺度辐合或强辐合带上。中气旋最强的时期与地面降雹时间有很好的对应关系,伴随中上层为气旋性辐散,中高层有中反气旋的辐散流场。

(2)风暴顶强辐散。与冰雹云中强上升气流相对应,在对流层顶表现的辐散气流能使对流云中的凝结潜热及时扩散,对流机制得到维持,有利于冰雹的生长。

(3)有时存在速度模糊区、逆风区和阵风锋的窄带回波。冰雹云伴随着强烈的下沉气流,经常在低层形成辐散性强风,导致强风切变、速度模糊和逆风区的出现。同时在辐散气流与向雷暴低层辐合的环境风之间形成阵风锋的窄带回波。

冰雹云在新一代天气雷达的物理量产品上具有以下特征:(1)冰雹指数 HI 的出现。冰雹概率指数 POH 可以作为冰雹的起报条件。(2)降雹区的块状强回波区的垂直累积液态水含量 VIL 明显偏高,可达到 45 kg/m²。定义 VIL 与风暴顶高度之比为 VIL 密度。VIL 密度≥3.29 g/m³ 可以作为冰雹预警的临界指标,VIL 密度≥4.09 g/m³ 可以作为直径≥19 mm 大冰雹预警的临界指标。(3)在降雹开始前 20～30 分钟内冰雹云的快速发展,是冰雹开始下落的标志,同时闪电定位仪上地闪频数"跃增"对冰雹预报也有指示意义。

　　此外,旁瓣回波和三体散射是冰雹天气经常可以探测到的特殊回波,对冰雹的预警有重要意义。如图 5.13 所示的冰雹天气中,在强回波的半径延长线上都观测到了三体散射,图 5.13a 还有清晰的旁瓣回波,见图中椭圆形区域。

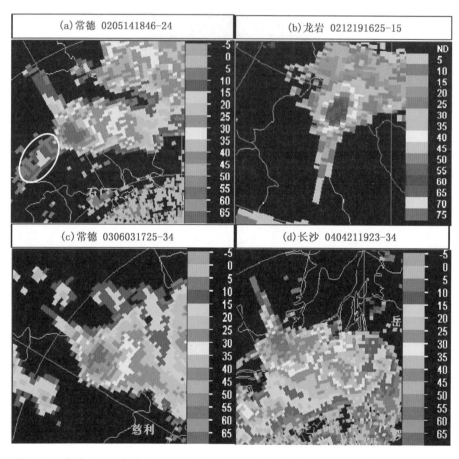

图 5.13　常德(a,c)、龙岩(b)和长沙(d)站探测冰雹天气的三体散射和旁瓣回波平面图

　　图 5.14 是 2018 年广东肇庆雷达探测超级单体产生冰雹的雷达回波图,说明产生冰雹的超级单体强回波区的中心强度达 55~60 dBZ,在图 5.14a 上可观测到清晰的旁瓣回波。对应剖面图 5.14b 上垂直的柱状回波发展,55 dBZ 以上的强回波在 6 km 左右发展,近地面有 40 dBZ 的回波区。高悬的强回波和低层的弱回波区对应,并在回波顶上出现长针状的旁瓣回波。说明冰雹云在垂直方向上强烈发展,近地面有融化的大粒子生成,体现了冰雹的冰云混合特征。

　　以陕西北部榆林地区 2013 年的冰雹天气为例分析冰雹天气的雷达回波特征。

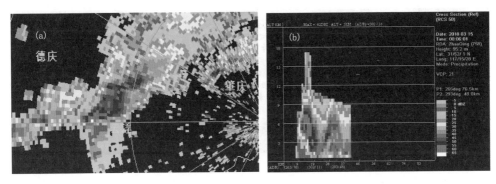

图 5.14　广东肇庆雷达 2018 年 3 月 15 日探测冰雹天气的强度平面(a)和剖面(b)图

2013 年 8 月 4 日榆林地区出现了一次超级单体引起的冰雹天气,回波强度(见图 5.15)分析表明,反射率因子值达 65 dBZ 以上,并在低仰角上呈现为钩状回波,见图 5.15a 中箭头所示,6.0°仰角上的回波核强度比低仰角的回波强度大,组合反射率的图 5.15d 上强回波区周围有弱回波区发展。剖面图 5.15e 上回波发展高度达 15 km,观测到了柱状回波墙强烈发展,并且回波墙倾斜,云砧和悬垂回波特征很明显,存在高悬的强回波,低层有弱回波区。当冰雹天气减弱时,回波强度减弱,强回波的范围缩小,同时强回波的高度下降到 6 km 以下。

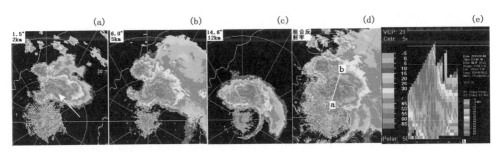

图 5.15　陕西榆林雷达站 2013 年 8 月 4 日 17:16 探测冰雹天气同时刻 1.5°(a),6.0°(b),
14.6°(c)的强度组合反射率(d)和沿 d 中直线的强度剖面(e)图

在陕西榆林 2013 年 8 月 4 日冰雹天气对应的径向速度图 5.16 上,从低到高各个仰角上,对应 5.15a 中的钩状强回波区有中气旋发展,正负速度中心的速度值达 20 m/s 以上,正负速度中心的连线在十几千米左右,表明产生强天气的原因是深厚持久的中气旋。因此,在超级单体的强回波条件下,中气旋的出现可以明显增加冰雹的概率。

2006 年 7 月 27 日 06—09 时,鄂尔多斯遭受暴风雨和冰雹的袭击。这次大风强降雹持续时间达 20～30 分钟,冰雹直径最大为 4.5 cm,有的地区冰雹堆积厚度达

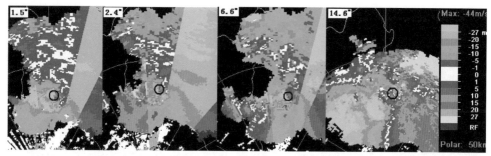

图 5.16　陕西榆林雷达 2013 年 8 月 4 日 17:16 探测冰雹天气的
1.5°(a),2.4°(b),6.6°(c)和 14.6°(d)仰角的径向速度图
(黑圆圈为中气旋)

12 cm 以上。该地区 C 波段雷达探测这次冰雹天气的回波强度图 2.14 上,混合云降水回波显著,多个强中心的反射率因子值达 60 dBZ 以上,出现了明显的 V 型缺口,如图 2.14 中 A 和 B 区所示,说明 C 波段雷达回波图上的 V 型缺口可以作为北方地区降雹天气的回波特征。

二、飑线

　　飑线是指由较多个雷暴单体排列成狭长带状的深厚对流系统。飑线的水平尺度通常约为几百千米,宽 20~50 km,长和宽之比大于 5:1。通常飑线可发展约 4~18 小时。飑线过境时,出现风向急转,风速剧增,气压陡升,气温骤降等剧烈现象,并伴有雷暴、暴雨、大风、冰雹或龙卷等剧烈天气现象。飑线附近的风速一般可达到十几米/秒,甚至超过 40 m/s。

　　飑线在发展到成熟阶段时,飑线主体前缘低层有明显的辐合上升气流,常伴有中尺度低压,飑线之后高层有下沉气流,低层有强辐散,一般有扁长的雷暴高压和明显的冷中心,大风区产生在飑线主体和阵风锋所在区域,在雷暴高压后方有时还伴有中尺度低压。在飑线的强雷暴云下,强烈的下沉气流到达地面后向四周强烈扩散,与前方上升的暖湿空气之间形成一个明显的分界面,称为阵风锋或飑锋。飑线沿线到后部高压区内,有暴雨、冰雹、龙卷和强风等天气发生。

　　1. 强度回波特征

　　飑线在强度平面图像上,通常呈 50 km 以上强度超过 35 dBZ 的弓形或人字形回波带,且该部分长宽之比超过 5:1。飑线在雷达强度图上具体表现为:(1)块状回波的对流单体连接成窄带状,只有一个对流回波的宽度,中心回波较强,超过 55 dBZ;(2)上升气流从飑线前部向后部倾斜,在飑线后部形成云砧或悬挂结构;(3)低层阵风锋是下沉的干冷空气在前部与暖湿气流的辐合,在近地面形成的大风,在雷达回波上表现为晴空窄带回波;(4)飑线中的强风暴单体还有可能发展成为超级单体,伴随钩状回波和中小尺度系统的出现。

　2. 径向速度回波特征

　　飑线在径向速度场上除具有带状回波形态外,还表现出速度模糊、逆风区和风暴顶辐散,以及强回波中心伴随的中气旋等中小尺度系统,有时在强回波带的前方还有窄带回波的发展。

　　飑线上的强雷暴单体形成强下沉辐散气流,在前进方向上最强烈,能够进一步促进低空阵风锋在飑线之前形成,有利于暖湿气流的抬升,导致新的对流单体生成,使飑线呈跳跃式的传播现象。

　　从 2005 年 3 月 22 日广州雷达探测飑线的强度和径向速度图 5.17 上,看到飑线的带状回波呈弓形,有多个强回波中心的强度在 50 dBZ 以上,强回波后部有层状云的弱回波区。径向速度图上,飑线上的速度等值线密集,并且与零速度线的位置靠近。图 5.17d 上 260°方位角的测站西南侧有速度模糊出现,飑线所在处风切变显著。还原速度模糊后,发现最大风速值达 37 m/s 以上。分析广州这次飑线天气回波的剖

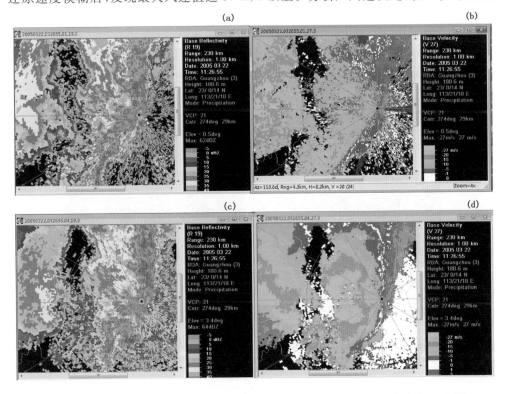

图 5.17　2005 年 3 月 22 日广州雷达探测的飑线天气强度(a,c)和径向速度(b,d)图

面图 5.18,发现在弓形带状回波处,飑线的强回波发展较低矮,约在 6～8 km 以下,回波顶高约 9 km,呈狭窄的柱状回波。径向速度图上有两个显著的正速度大值中心,对应低层的强烈出流和对流层中层的径向辐合,与强回波带的位置相一致。

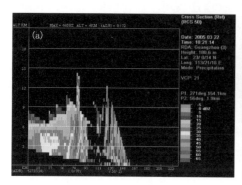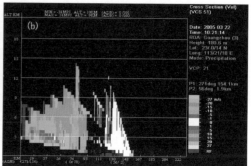

图 5.18　2005 年 3 月 22 日广州飑线天气回波的强度(a)和径向速度(b)剖面图

　　2015 年 6 月 1 日湖南岳阳观测到一次强飑线天气,雷达回波如图 5.19 所示。强度的平面图上呈明显的弓形带状回波区,对应径向速度场上弧状的零速度线,零速度线两侧是强烈的风速辐合区。同时在强回波区对应有逆风区的发展,与飑线的位置对应。从湖南岳阳雷达探测到的强度和速度的剖面图 5.20 上分析,在飑线天气中,图 5.20a 中强回波中心对应图 5.20c 中径向辐合最强烈的地方。对比飑线发生前后几个时次的剖面图,发现当强回波高度迅速下降时,见图 5.20b,飑线附近的下沉运动明显增强,高空有对流层顶的辐散形成。

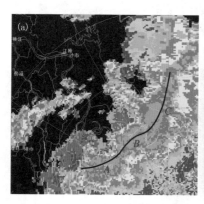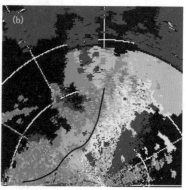

图 5.19　2015 年 6 月 1 日 09:27 湖南岳阳雷达探测飑线的强度(a)和径向速度(b)图
(黑线为飑线的中心轴线)

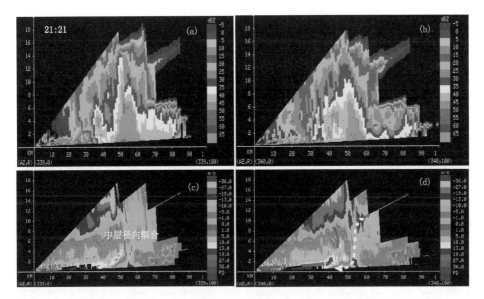

图 5.20　岳阳雷达站探测 2015 年 6 月 1 日飑线天气的强度(a,b)和径向速度(c,d)的剖面图

2016 年 4 月 11 日 01：36 海南岛北部经历了飑线和雷暴大风过程,从强度回波图 5.21a 上分析飑线回波表现为多单体紧密排列组成的带状弓形回波。带状回波中镶嵌着 A,B,C 三个强对流风暴,并发展为超级单体。其中风暴单体 C 发展成为中尺度的涡旋,位于回波北部,伴随着带状弓形回波移动的阵风锋与对流风暴保持在 10 km 左右的距离,对对流风暴产生正反馈作用。在强度回波的剖面图 5.21b 上,有细窄的回波墙向上发展,在 6 km 左右高度出现 60 dBZ 以上强回波核。对应的径向速度图(图略),雷暴中心处对应有低层辐合和高层辐散的气流,且辐合和辐散区在垂直方向上呈倾斜状态,且中层径向辐合强烈,同时有中气旋生成。此外,在强度的剖面图上,对流云

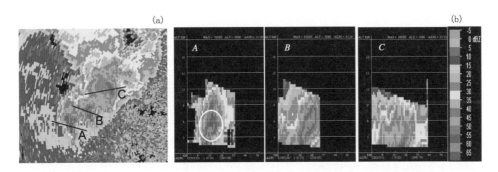

图 5.21　海口雷达 2016 年 4 月 11 日 01:36 探测飑线天气 0.5°仰角强度(a)和
沿图 a 中 A,B,C 三条基线的剖面(b)图

底部有弱回波区生成,是近地面强烈辐合抬升作用形成的特殊回波。

飑线天气中经常在飑线移动方向的前方有阵风锋的弧状窄带回波出现,如图 5.22 所示。商丘雷达站以南地区出现飑线天气时,在飑线强回波前约 20 km 处,有窄带回波出现的地方就是阵风锋的位置。径向速度图上与阵风锋对应的地方有零速度线,表明存在显著的气流辐合,零速度线以西的正速度区有速度模糊出现,是飑线前辐散大风出现的位置。

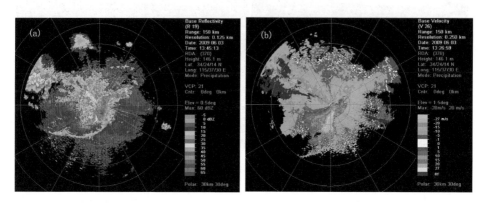

图 5.22　商丘雷达站 2009 年 6 月 3 日探测飑线阵风锋的强度(a)和径向速度(b)图

三、龙卷的雷达回波特征

龙卷是一种破坏力极大的灾害性大风天气,是和强烈对流云相伴出现的具有垂直轴的小尺度涡旋。强龙卷带来的地面风速可达 100~200 m/s。龙卷云体的直径一般是从几十米到几百米,形状为漏斗状,从强雷暴云底向下伸展悬挂,有时可接地,气流由内向外,表现为气旋性。大多数龙卷出现时有强雷雨,少数有阵雨天气,有时龙卷还出现在未产生降水的浓积云底部。

龙卷通常有内层和外层气流的双层结构。内层为向下伸展并逐步缩小的涡旋漏斗状,有下沉运动,外层是地面向上辐合的涡旋,有上升运动。由于龙卷上空的强烈辐散,使得中心气压骤降,造成水汽在抬升过程中迅速凝结,呈现出漏斗云柱。龙卷雷暴近地面流场如图 5.23a 所示,图 5.23b 为对应的速度图。

龙卷的雷达回波特征表现为:(1)回波有强中心,通常在 50 dBZ 以上,回波顶较高。(2)龙卷常常出现在超级单体风暴中,具有钩状回波、有界弱回波区等形态。(3)在径向速度场上,龙卷伴随有明显的中气旋,低层呈气旋性辐合。在雷达的物理量产品中龙卷处经常可观测到中气旋 M 和龙卷涡旋 TVS 的特征。

因为龙卷与深厚的中气旋密切相关,因此,龙卷的预警通常是建立在对流层中层

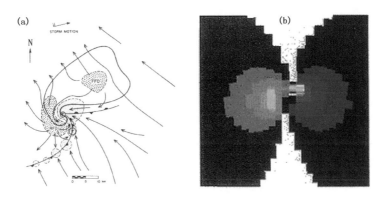

图 5.23　龙卷雷暴近地面气流的平面分布(a)和中气旋中龙卷涡旋对应的径向速度(b)图

探测到中气旋的基础上,并且满足以下判断指标:(1)反射率因子≥40 dBZ,强回波一般在 6 km 以下发展。(2)0.5°仰角上经常出现大于 13 m/s 的中气旋,且中气旋底高≤1 km。(3)探测到 TVS 可作为龙卷预警的充分非必要条件,但有时 TVS 在龙卷产生后出现。(4)阵风锋与其他辐合系统的相交点上有利于龙卷的产生。

　　2016 年 6 月 23 日 14—16 时,江苏盐城地区发生了龙卷、冰雹和强雷电等极端天气,盐城雷达探测结果见图 5.24。从强度图上看到显著的钩状回波,对应的径向速度图上也探测到与龙卷的概念模型(见图 5.23b)非常相似回波,如 1.5°仰角上,红色和绿色的正负速度区相对,且正负速度值在 20 m/s 以上,在绿色的负速度区出现了小块的正速度区。

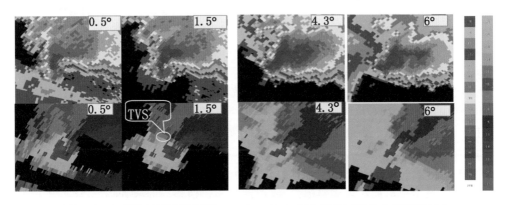

图 5.24　江苏盐城雷达站探测 2016 年 6 月 23 日龙卷的不同仰角的强度(上)
和对应仰角径向速度(下)图

四、阵风锋

阵风锋也称为外流边界,是边界层辐合线的一种,是伴随飑线、冰雹和雷暴等天气系统出现的一种中小尺度系统。阵风锋经常出现在强雷暴的前部,阵风锋经过时,虽无明显降水,但却有明显的降温和强风。表现为风速急剧增强,最大风速可达 40 m/s 以上。如图 5.25 所示模型,雷暴发展成熟时,强烈的辐合上升气流后部大量水滴和冰雹粒子对空气的拖曳作用产生下沉气流,而且雨滴蒸发使得空气迅速冷却,加速了下沉运动,在地面形成雷暴高压,并向四周辐散流出,与向雷暴低压辐合的环境风相遇,导致阵风锋形成。

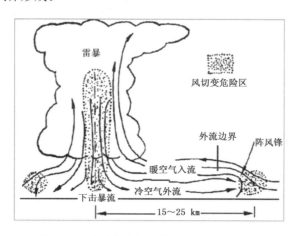

图 5.25　阵风锋的概念模型图(张杰,2014)

阵风锋在雷达强度图上表现为狭窄的"晴空窄带回波",窄带回波大多数与雷暴降水的蒸发,雷暴的下沉气流与前侧的入流等因素有关,通常又将阵风锋称为窄带回波。雷暴中强烈下沉气流把空中的冷空气带到地面,并向四周辐散,于是在冷空气和环境暖空气之间形成温、压、湿、风不连续面,造成折射指数不连续,产生窄带回波。窄带强度比较弱,通常在 $10\sim25$ dBZ 左右。阵风锋的窄带回波出现在雷暴移动方向的前方,一般距雷暴区为 $30\sim40$ km,环绕雷暴中心在低层呈弧状,回波长度一般在 10 km 以上,宽度为 $1\sim2$ km。阵风锋也常在飑线之前 $10\sim40$ km 的地方出现,并和飑线一起移动。阵风锋的高度较低,通常在 1 km 左右高度处观测到。阵风锋的窄带回波与强回波区靠近时,由于风场辐合和切变所产生的抬升作用,会触发新的雷暴生成,新雷暴主要生成在阵风锋附近,或者两个阵风锋相交的地方。

由于阵风锋经常触发新的风暴发展,并带来强烈的突发性地面阵风,严重时甚至产生灾害性天气,在雷达速度图像上识别阵风锋显得尤为重要。在径向速度图上,阵风锋的位置上出现风向、风速的剧烈变化,或呈明显风向辐合带或低层辐合区,与强度场上的窄带回波相对应。

据阵风锋和飑线演变过程分析,阵风锋在飑线前 10 km 左右地方出现,并和飑线一起向前移动。阵风锋相对于主体回波的距离与强对流天气有关:二者距离若较远时,强风持续时间就短,造成的对流降水就较弱;二者距离若较近时,会导致产生大风、强降水等灾害性天气。图 5.26 中西安雷达站观测到的一次阵风锋过程,在强度图上出现清晰的窄带回波,回波强度约为 15 dBZ,位于强回波前面 20 km 处。径向速度图上对应有零速度线和逆风区的窄带回波,表明为低层有中尺度辐散发展,同时在谱宽图 5.26c 上有相对的高值区。

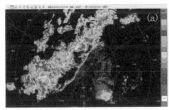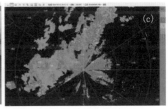

图 5.26　西安雷达站探测阵风锋 1.45°仰角强度(a)、速度(b)和谱宽(c)图

从合肥雷达站探测阵风锋窄带回波的剖面图 5.27 可以看出,伴随着两块强对流云的柱状回波,回波顶高在 16 km 左右,顶端出现了旁瓣回波,强中心位于回波中低层(6 km)。狭窄的回波墙发展到 14 km 左右的高度,有强大的云砧形成。阵风锋出现在强对流回波前方几十千米的位置处,呈现出近地面弱的低矮窄带回波,回波强度在 10 dBZ 以下,发展高度在 4 km 以下。对应的径向速度剖面图上,4 km 以下两块对流回波均存在垂直风速切变,4 km 以上存在风向切变,说明阵风锋是在有切变的情况下出现的,对流云前部边有低矮的窄带回波发展。

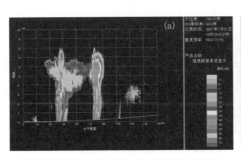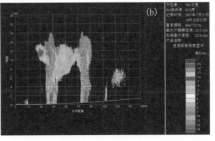

图 5.27　2007 年 7 月 31 日 15:22 合肥雷达探测阵风锋的强度(a)和径向速度(b)剖面图
(张杰,2014)

课后习题:

1. 冰雹天气的雷达回波有哪些特征? 预报冰雹天气的雷达物理量产品有哪些特征? 有效方法是什么? 说明暴雨与冰雹天气的雷达回波有什么区别?

2. 飑线和龙卷的雷达回波在强度场和径向速度场上各有哪些特征?

3. 请说明阵风锋的形成原因,并指出阵风锋的雷达回波有哪些特征?

参考文献

程明虎,刘黎平,张沛源,等,2004.暴雨系统的多普勒雷达反演理论和方法[M].北京:气象出版社.

黄美元,徐华英,1999.云和降水物理[M].北京:科学出版社.

寿绍文,2003.中尺度气象学[M].北京:气象出版社.

谭学,刘黎平,范思睿,2013.新一代天气雷达海浪回波特征分析和识别方法研究[J].气象学报,**71**(5):962-975.

俞小鼎,2009.强对流天气临近预报.北京:中国气象局培训中心.

俞小鼎,姚秀萍,熊廷南,等,2006.多普勒天气雷达原理与业务应用[M].北京:气象出版社.

张建军,赵小艳,黄勇,2010.基于遥感探测的不同类型降水云识别方法[J].气象科技,**38**(5):588-593.

张杰,2014.多普勒天气雷达对航空危险天气的监测应用研究[M].北京:解放军出版社.

张培昌,杜秉玉,戴铁丕,2001.雷达气象学[M].北京:气象出版社.

张晰莹,那济海,张礼宝,2008.新一代天气雷达在临近预报中的分析与应用[M].北京:气象出版社.

朱乾根,林锦瑞,寿绍文,2007.天气学原理和方法(第四版)[M].北京:气象出版社.

Battan L J, 1973. Radar Observation of the Atmosphere[M]. The University of Chicage Press.

Orlanski I, 1975. A rational subclivision of Scales for Atmospheric processes[J]. Bull Amer Meteor Soc, 56: 527-530.